일러두기

1. 이 책에 수록된 식물은 국내에서 통상적으로 사용하는 유통명과 학명으로 표기하였다.
   학명을 읽는 방법은 146~147쪽의 일람표를 참고하면 된다.
2. 학명은 식물에 대한 정보로 각각 속명과 종소명을 가르키는 두 단어로 이루어져 있다.
   품종명의 경우 따옴표(' ')로 표시하였다.
3. 국제식물명명규약(ICBN)에 따라 학명은 이탤릭체로 표기하였다.
4. 이 책에 등장하는 외래어는 '외래어 표기법'을 따르고 있으나 시중에서 사용되거나
   오랜 관행으로 독자의 편의에 부합하는 경우에는 이를 허용하였다.

쉽게 키우는 실내식물

HOUSE PLANTS

and other greenery

엠마 시블리

감수 · 하순혜

내가 식물을 사랑할 수 있게 해준 할아버지 벤 하워드와
할머니 이셀 하워드에게 이 책을 바칩니다.

CONTENTS

들어가며

곁에 두고 기르기 좋은 실내 식물

실내에서 키우는 가정용 식물은 현재 상당한 인기를 끌고 있다. 창가에 올려둔 소규모 화분 컬렉션이든 조금 더 큼지막한 하나의 화분이든, 주변에 식물을 두는 것은 우리에게 정서적 안정과 영감을 주고 차분한 분위기를 조성한다. 뿐만 아니라 공기 중의 먼지 입자를 흡수하고 오염물질을 제거하는 공기 정화 효과도 지닌다.

요즘 우리가 선택할 수 있는 식물의 수는 너무나도 많다. 수십 가지의 잎 무늬를 지닌 칼라데아속부터 둥근 팬케이크 모양의 잎을 지닌 필레아, 듬성듬성 가위로 오려낸 듯한 잎 모양의 몬스테라속까지, 고르기 어려울 정도로 그 정도가 다양하다.

이처럼 식물의 선택지가 다양하고, 또 한 사람이 여러 개의 식물을 키우게 될 때, 각각의 식물에 맞는 관리법을 익히고 실천하기란 쉬운 일이 아니다. 따라서 이 책은 각각의 식물에 꼭 맞는 관리법을 제시하여 보다 쉽게, 그리고 더 잘 키울 수 있도록 돕고자 한다. 물은 언제 어떻게 주어야 하는지, 햇빛의 양은 어느 정도가 적당한지, 식물을 추가로 더 들이거나 누군가에게 나누어주고 싶을 때 어떻게 해야 하는지에 관해서 말이다.

이 책의 사용법

소개하는 각 식물마다 돌보는 데 필요한 핵심 정보가 정리되어 있다. 모든 정보는 항목별로 분류하였고 기호로 표시했다. 식물이 잘 자랄 수 있도록, 식물을 가꾸는 데 필요한 모든 정보를 제공할 것이다.

기호 설명표

- 햇빛
- 물주기
- 기르기
- 분심기
- 분갈이
- 가지치기
- 번식하기
- 주의점
- Tip
- 습도
- 온도

각 식물의 통상적인 유통명과 학명을 모두 적어두었는데, 경우에 따라 동일하기도 하고 다르기도 하다. 학명은 주로 식물군에 대한 정보를 제공한다. 즉 일종의 분류체계라고 할 수 있다. 모든 식물은 특정 과(科-family)에 속해있고, 과는 다시 속(屬-genus)으로 나뉜다. 식물의 학명은 각각 속과 종소명을 가리키는 두 단어로 이루어져 있다. 속명은 한데 분류된 식물 집합을 포괄하는 이름이고, 종소명은 특정 식물에 대한 정보를 담고 있다.

내게 꼭 맞는 식물 선택하기

나와 잘 맞는 식물을 구입하는 가장 좋은 방법은 아무래도 직접 보고 사는 것이다. 요즘에야 식물을 집 앞까지 배송해주는 온라인 쇼핑몰이 많이 생겼다지만, 이것이 편하기는 해도 역시 집 근처 꽃집이나 화원에서 조언을 얻고 직접 고르는 것이 실패할 확률을 줄일 수 있다.

식물을 골랐다면 병해의 흔적(잎이 갈색으로 변했다거나 누런 반점이 난 것)이나 눈에 보이는 벌레가 없는지 확인한다. 병든 식물을 들일 경우 집 안의 다른 식물에도 악영향을 끼칠 수 있다.

식물을 구입하는 일은 중독성이 있다. 베란다나 창틀에 아무리 많이 들여놓아도 늘 부족하게 느껴진다. 화분 한 개를 추가할 공간도 얼마든지 생겨난다! 식물을 키우다 보면 서로 궁합이 잘 맞는 식물이 있다는 것도 배우게 될 것이다. 양치류와 칼라데아속은 둘 다 습기가 많은 곳을 좋아해서 틈이 날 때마다 분무기로 물을 뿌려줘야 하니 같이 두는 것이 바람직하다. 반대로 베고니아속은 잎에 물기가 있으면 안 되기 때문에 양치류와는 떨어뜨려 놓는 것이 좋다.

높은 곳에 매달려서 자라거나 땅을 기며 자라는 식물을 이용해 책장 공간을 분류하거나 천장에 매달아 전시해보자. 물론 각각의 식물에 맞는 공간을 확보하는 것은 필수다! 예를 들어 몬스테라의 거대한 기근이 작은 화분으로 파고들어가면 곤란하지 않겠는가? 또 팔손이 같은 식물은 방해물 없이 긴 팔을 뻗을 수 있는 공간이 있어야 한다. 다양한 식물로 가득한 정원을 만드는 것도 좋지만, 키우는 모든 식물이 만족할 만큼 충분한 공간을 먼저 확보하도록 한다.

실내 가드닝툴

사랑스런 식물을 잘 키우기 위해 꼭 필요한 도구

화분 및 기타 도구

시장에서 구입한 대다수의 식물은 주로 플라스틱이나 테라코타 화분에 심겨 있을 것이다. 이런 화분은 구멍이 없는 별개의 장식용 화분 속에 넣어두거나 받침대를 받쳐주는 것이 바람직하다. 또 흙을 배합할 때나 분갈이를 할 때 용이하게 쓸 수 있는 튼튼한 원예 장갑 한 켤레를 장만해두자.

퇴비

대부분의 실내 식물은 일반적인 화분용 흙 또는 다목적 배양토에서 충분히 잘 자란다.
살충제 사용이 싫다면 유기질 퇴비를 사용하자.

물주기

습도를 높게 유지하고 식물을 싱그럽게 기르려면 작은 물뿌리개와 분무기가 필수적이다.

원예가위

작은 원예가위를 하나 장만하자. 가지치기와 번식을 할 때 아주 유용한 도구이다.

화단에 습도 공급하기

많은 가정용 식물은 번식을 위해 높은 습도를 필요로 한다. 그러나 유감스럽게도 중앙난방이 발달한 도시 라이프에서 대부분의 실내 환경은 매우 건조하고, 따라서 화단 주위는 특별히 습도 관리에 신경을 써야 한다.

분무

식물에 물을 흠뻑 준다고 해서 습도에 도움이 되는 것은 아니다. 습도를 높이려면 잎과 잎을 둘러싼 주변의 공기 중에 물을 공급해야 한다. 이때 분무기를 사용하는 것이 좋다. 그러나 일부 식물은 높은 습도 환경을 필요로 하지만 잎에 직접 물이 닿는 것은 좋아하지 않는 경우가 있으므로, 기르는 식물의 특성을 파악해 그에 맞춰 물을 주도록 한다.

자갈 트레이

잎에 직접 물이 닿는 것을 싫어하는 식물은 따로 모아 물이 자작하게 깔린 자갈 트레이 위에 배치하면 좋다. 자갈은 식물이 과도하게 물을 흡수해 뿌리가 썩는 것을 막는다. 트레이의 물이 증발하면서 자연스레 형성된 습기는 식물의 잎 사이사이에 고이게 된다.

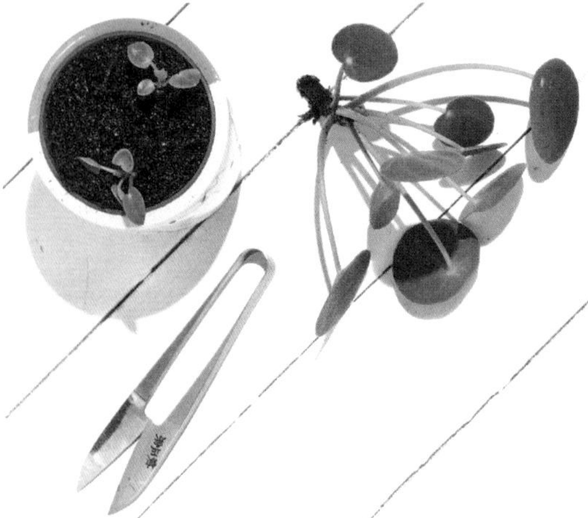

번식하기

가지치기, 접붙이기, 종자심기 등
새로운 식물을 길러내는 과정

번식하기란 꺾꽂이를 하여 새로운 개체를 키우거나 분갈이 단계에서 개체를 나누어 새 식물을 키우는 과정을 가리킨다. 식물을 종자 단계에서부터 키워낼 수도 있지만 이 과정은 조금 더 길고 복잡하므로 앞서 이야기한 두 방법에 대해서만 이야기해보려고 한다.

꺾꽂이

삽목이라고도 한다. 필레아, 바위취, 접란 등, 많은 식물은 어린묘(식물이 자가 복제하여 만들어낸 모종)를 생산하는데, 이는 싹 형태로 발견되거나 모본 즉 어미식물의 밑동에서 돋아난다. 어린묘가 뿌리를 내리기 시작하면 잘라내어 화분용 배양토가 든 새 화분에 옮겨 심을 수 있는데, 이렇게 하면 곧 자라 번식 가능한 어미식물이 된다.

잎과 줄기를 꺾꽂이하는 것 역시 번식하기에 아주 좋은 방법이다. 그저 잎이나 줄기의 생장점에서 몇 센티미터 떨어진 아랫부분을 잘라내어 깨끗한 물에 담가둔다. 몇 주 안에 줄기 아랫부분에서 새로운 뿌리 줄기가 형성되는 것을 볼 수 있을 텐데, 이를 화분용 배양토에 심기만 하면 된다.

포기나누기

아스파라거스속이나 칼라데아속 식물처럼 여러 줄기나 덩어리로 구성된 식물은 분갈이를 할 때 나누어서 증식시킬 수 있다. 주요 생장기 직전인 초봄에 분갈이 할 것을 권장한다. 이렇게 하면 새로 나누어진 어린묘들이 살아남을 가능성이 커진다.

식물을 조심스럽게 화분에서 꺼내어 최대한 많은 흙을 털어낸다. 이렇게 하면 뿌리를 최대한 보전하면서 떼어낼 수 있다. 식물을 나눌 때는 면도칼 같이 날카로운 도구를 신중하게 이용하는 편이 좋다. 각 부분에 건강한 뿌리와 잎이 충분하다면 새 화분에서도 아주 잘 자랄 것이다. 일단 새 화분에 옮겨 심고 나면 완전히 뿌리를 내릴 때까지 흙을 촉촉하게 유지한다.

문제 해결하기

식물을 기르면서 흔히 발생하는 문제와 그 해결책

실내식물은 제각각 필요로 하는 빛, 물, 관리의 정도가 달라서 기를 때 흔히 어려움을 겪고는 한다.

물이 너무 많을 경우

대부분의 식물이 휴면기에 들어가는 겨울철에는 물을 너무 많이 주게 되면 문제가 생길 수 있다. 겨울철에는 급수를 줄여 2주에 한 번 꼴로 준다. 그 이상 물을 주게 되면 뿌리가 침수되어 썩을 수 있기 때문이다. 과잉 급수의 또 다른 부작용은 잎이 시들해지거나 황색 또는 갈색으로 변하여 떨어지는 현상이다.

햇빛이 너무 강한 경우

강한 햇빛으로 인해 열해나 화상을 입은 잎 역시 문제가 될 수 있다. 약하고 섬세한 잎은 직사광선에 해를 입을 수 있으니 주의할 것. 갈색 상처가 나타나거나 가장자리가 버석해지면 식물의 위치를 바꿔주는 것이 좋다. 반대로 햇빛이 부족해도 역시 생장 및 개화를 저해할 수 있어 바람직하지 않다. 이런 일이 발생하면 식물을 다른 곳으로 옮겨둔다.

병충해가 생길 경우

흙이 너무 축축하면 버섯파리나 작은뿌리파리 같은 해충이 생길 수 있다. 이 작고 검은 파리들은 젖은 퇴비에 알을 까는데, 다행이 식물에 큰 해를 입히지는 않는다. 가장 좋은 해결책은 물을 주기 전에 퇴비를 완전히 말리거나 아예 분갈이를 하는 것이다. 식물과 그 주변에 해충이 증식하는 것을 막는 방법 중 하나는 시들어서 떨어진 잎들이 화분에 쌓이지 않도록 바로 치우는 것이다. 깍지벌레나 응애가 살기에 최적의 환경이기 때문이다.

생장이 멈출 경우

한동안 식물을 길렀는데 식물이 잘 자라지 않는다면 여기에는 몇 가지 원인이 있을 수 있다. 여름철이라면 물을 충분히 주지 않았거나 겨울철이라면 지나치게 많이 주었던 것이 문제일 수 있다. 한편 오랫동안 분갈이를 하지 않아 발육장애가 나타날 수도 있다. 식물이 자라면 그 크기에 맞는 화분으로 갈아줘야 한다. 분갈이를 해주지 않으면 뿌리가 뻗을 공간이 좁아 화분에 가득 찰 수 있다.

잎이 떨어질 경우

식물의 잎이 지나치게 많이 떨어지는 것 같으면 온도가 너무 높거나 물이 충분하지 않다는 신호일 수 있다. 다만 한 가지 알아두어야 할 것은 어느 정도는 식물이 자연번식을 하면서 자연스럽게 발생한다는 점이다. 만약 걱정이 된다면 식물의 위치를 옮겨보는 것도 방법이다.

실내식물과 기타 정원 식물

옥살리스속의 이 앙증맞은 보라색 식물은 각 줄기에 난 3장의 꽃잎을 접어 빛 부족이나 땅거미에 반응한다. 여름철에는 백색의 관상화가 흐드러지게 피는 것을 볼 수 있는데, 꽃은 며칠 뒤면 지고 이내 다음 꽃을 피워낸다. 옥살리스속 식물을 싱그럽게 유지하려면 죽은 줄기나 꽃을 제거해주는 것이 좋다.

나비사랑초

Oxalis triangularis

햇빛

간접 햇빛과 부분 그늘을 즐기는 옥살리스속 식물은 자연 채광이 풍부한, 밝은 방에서 기르는 것이 좋다. 단, 직사광선에 방치되지 않도록 주의하자. 잎이 타거나 상처를 입을 수 있다.

물주기

일주일에 한 번 정기적으로 물을 주어야 한다. 퇴비를 촉촉하게 유지하고 화분 아래 물이 고이지 않도록 한다. 뿌리가 쉽게 썩을 수 있기 때문이다.

번식하기

포기나누기로 간단히 번식시킬 수 있다. 뿌리를 손상시키지 않도록 식물을 조심스럽게 분리하자.

기르기

나비사랑초는 아주 촘촘하게 자라므로 가끔씩 분갈이가 필요하다. 모종일 때는 생장 속도가 빠르지만 화분에 공간이 부족하거나 완전히 성숙한 뒤에는 생장이 느려진다. 이때 분갈이를 한다.

바나나가 잘 자라는 열대지역에 살지 않는다고 해서 집에서 바나나를 키우지 못할 이유는 없다. 바나나는 다소 크게 자라므로 왜소종을 고르는 것도 생각해볼 만하다. 관리가 쉽고 필요한 경우 옮기기에도 편리하기 때문이다.

왜성바나나

Musa oriana

햇빛

대부분의 실내식물과는 달리, 왜성바나나는 직사광선에도 끄떡없고 오히려 번성하므로 채광이 좋아 밝고 따뜻한 곳에 배치한다. 추운 날씨나 가뭄에는 잘 대처하지 못한다.

물주기

바나나를 실내에서 키울 때는 밖에서 키울 때보다 물을 더 많이 줘야 하지만, 너무 많이 줘서 뿌리가 썩지 않도록 항상 유의하자. 배수는 반드시 잘 되어야 한다.

주의점

큰 잎은 종이처럼 얇아서 찢어지거나 쉽게 부서질 수 있으니 실내에서 기를 경우 각별히 신경 써야 한다.

심기

조건만 잘 맞으면 바나나는 아주 빠르게 자라고 거의 매주 새 잎을 틔울 것이다. 묘목의 경우 생장이 빨라 분갈이를 자주 해야 하는데, 첫 해에는 일년에 두세 번도 더 해야 할 수 있다. 해가 갈수록 차츰 한 화분에서 오래 잘 자란다.

몬스테라 델리시오사의 사촌격인 몬스테라 오블리쿠아. 주로 행잉바스켓을 이용해 장식한다. 잎에 자연적으로 형성되는 타원형의 구멍은 새 잎을 틔우자마자 나타나므로 분갈이가 까다로울 수 있다. 잎을 찢지 않도록 조심한다. 대부분 화분 위쪽에 모여 자라지만, 적어도 한 개의 줄기는 자유롭게 늘어져 내리며, 연중 조금씩 길어지는 모습을 볼 수 있다. 이런 줄기는 지지대를 타고 올라갈 수 있도록 처리하는 편이 좋다.

몬스테라 오블리쿠아

Monstera obliqua

햇빛

빛을 좋아하는 편. 밝은 곳에서 잘 자라지만 직사광선은 피하도록 한다.

물주기

퇴비를 촉촉하게 유지하고 화분 아래 물이 고이지지 않도록 한다. 뿌리가 쉽게 썩을 수 있기 때문이다. 규칙적으로 물을 분무하거나 잎을 닦아주면 먼지가 앉는 것을 방지해 싱그럽게 유지할 수 있다.

번식하기

번식이 쉬운 편이다. 적어도 두 개의 잎마디를 포함하는 부분을 잘라내어 물에 담가둔다. 뿌리가 나타날 때까지 기다렸다가 신선하고 촉촉한 퇴비에 옮겨 심는다. 초반에는 정기적으로 물을 준다.

잎은 주라기 시대의 식물을 연상시킨다. 화살촉 모양의 싱그러운 녹색 잎은 그 가장자리가 빛 바랜 진녹색을 띤다. 용의 비늘(dragon scale)이라는 품종명의 유래를 짐작할 수 있다.

알로카시아 '드래곤스케일'

Alocasia 'Dragon Scale'

햇빛

대부분의 알로카시아속 식물과 마찬가지로 밝은 간접광을 선호한다. 서늘하고 어두운 곳에 두면 생장이 느려지고 선명한 잎의 색이 흐려지므로 온도를 따뜻하게 유지한다.

물주기

여름에는 주1회 정도 물을 주되, 그 사이 흙이 완전히 마르도록 둔다. 이 식물은 뿌리가 썩기 쉬우므로 퇴비를 완전히 적시지 않고 뿌리가 물에 침수되지 않도록 한다. 겨울철에는 물을 적게 준다. 물을 주기 전에 흙이 완전히 말랐는지 반드시 확인한다. 습기 자체는 좋아하므로 종종 분무기로 물을 뿌려준다.

가지치기

황변 혹은 갈변된 잎은 검은 반점이 보인다면 곰팡이병의 징후일 수 있으므로 제거한다.

주의점

유독성 식물로, 애완동물이나 어린아이의 손에 닿지 않도록 주의한다.

고무나무는 묘목에서부터 기르는 것이 좋다. 어린 나무는 여러 환경에 잘 적응하기 때문이다. 고무나무 중에서도 특히 매력적인 품종은 교배종인 무늬고무나무(*Ficus elastica* 'Tricolour')나 트리앵귤라리스 고무나무(*Ficus elastica* 'Triangularis'), 그리고 검은색에 가까운 짙은 녹색의 잎이 마치 가죽 질감처럼 느껴지는 흑고무나무(*Ficus elastica* 'Black Prince') 종이다. 모든 품종이 꽤나 튼튼한 편으로, 몇 가지 기본 사항만 지킨다면 금세 크고 건강한 개체로 자랄 수 있다.

인도고무나무

Ficus elastica

햇빛

밝은 간접광선이 가장 좋다.

물주기

여름철에는 흙이 바싹 마르지 않도록 한다. 물이 고이지 않는 선에서 주1회 정도는 물을 주는 것이 좋다. 그러나 겨울 휴면기에는 2주에 한 번씩 물을 주며 사이사이에는 흙이 마르도록 둔다. 만약 잎이 갈색으로 변하거나 떨어진다면 물을 약간 더 주어야 한다는 신호다. 규칙적으로 잎에 물을 뿌려주거나 닦아준다.

번식하기

가장 쉬운 방법은 줄기를 잘라서 화분용 뿌리배합토에 심거나 물에 담가 뿌리가 자란 뒤에 심는 것이다.

구즈마니아 링굴라타는 숙주식물이 그 무게를 지탱할 만큼 충분히 크다면 숙주식물에 착생하여 생존할 수 있으나, 집에서는 화분에 키우는 편이 훨씬 수월할 것이다. 보통 중앙에 흰 꽃이 있는, 현란하고 선명한 붉은색 혹은 노란색의 두상화를 보기 위해 이 식물을 키운다. 영어 이름은 새빨간 별(Scarlet Star)로, 위에서 봤을 때 별 모양을 하고 있어 붙여졌다.

구즈마니아 링굴라타

Guzmania lingulata

햇빛

언제나 밝은 간접광을 선호한다. 햇빛이 부족하면 잎과 꽃이 모두 색이 바랜다. 그러나 직사광선에 오랜 시간 노출되면 잎에 열해나 화상을 입을 수 있다.

물주기

과잉급수에 약하다. 뿌리가 쉽게 썩을 수 있으므로 조심하자. 흙 위로 드러난 뿌리가 마르지 않도록 매일 분무기로 적셔주되 퇴비가 완전히 마른 뒤에 물을 준다. 물을 줄 때는 흙이 촉촉하도록, 그러나 푹 젖지는 않도록 주의한다. 물 받침대에는 언제나 0.5~0.75센티미터 정도로 물을 채워 습도를 높게 유지시킨다. 이 고여있는 물은 썩지 않도록 며칠에 한 번씩 갈아준다.

번식하기

이따금 밑동에서 어린묘를 생산한다. 대체로 꽃이 핀 후에 발생한다. 수 센티미터 크기로 자랄 때까지 두었다가 잘라내어 옮겨 심는다.

선명한 붉은색의 잎맥과 얼룩덜룩한 녹색의 잎은 이 식물을 아주 매력적으로 만든다. 그러나 주목할 만한 것은 잎사귀 무늬만이 아니다. 밤낮의 변화에 반응해 '기도하는 식물'이라는 별칭이 붙은 이 실내 식물은 하루가 시작될 때 잎을 들어올리고 밤이 되면 마치 기도하는 손처럼 잎을 접어 내린다. 기면서 낮게 자라는 마란타는 배수가 뛰어나고 받침이 있는 화분이나 잎이 자유롭게 처질 수 있는 행잉바스킷에서 잘 자란다.

마란타 '에리스로네우라'

Maranta leuconeura 'Erythroneura'

햇빛

잎맥의 선명한 붉은 색조는 직사광선에 방치하면 퇴색될 수 있으므로 여름철에는 그늘지고 간접광이 비치는 곳에 둔다. 겨울철에는 양지바른 곳으로 옮긴다.

물주기

일주일에 한 번 물을 준다. 퇴비는 촉촉하게 유지하되 물을 너무 많이 주지 않도록 한다. 서늘한 겨울철에는 물을 최소한으로 준다. 잎이 갈변되거나 퍼석해서 떨어지지 않도록 주기적으로 분무기를 사용해 물을 뿌려준다.

온도

춥고 건조한 환경은 피한다. 일반적으로 따뜻한 곳에서 잘 자라고 급격한 변화에 해를 입기 쉽다. 최소 섭씨 10도 이상을 유지하자.

크리스탈안수리움의 잎 무늬는 아마도 당신이 보았을 여러 식물 가운데 가장 인상적일 것이다. 큼지막한 하트 모양의 잎은 벨벳 같은 녹색이며, 흰색의 섬세한 잎맥은 빛이 나는 듯하다. 불염포라고도 부르는 기다란 줄기가 기부에서 돋아나는 것을 보면 크리스탈안수리움이 육수꽃차례라고 하는 독특한 형태의 긴 노란색 꽃을 피우는 일에 굉장히 공을 들인다는 것을 알 수 있다. 그렇게 힘들여 피울 만한 꽃도 아닌 것 같은데 말이다! 높은 습도의 환경을 좋아하므로 온실에서 재배하는 것이 좋으나 잘만 관리해준다면 집 안에서도 훌륭하게 키울 수 있다.

크리스탈안수리움

Anthurium crystallinum

햇빛

겨울철에는 가능한 많은 빛을 공급한다. 여름에는 직사광선을 피해야 한다.

물주기

며칠마다 한 번씩 퇴비에 수분을 공급하여 흙이 항상 젖어있도록 한다. 높은 습도의 환경에서 잘 자라므로 정기적으로 나뭇잎에 분무해준다. 난방 탓에 건조해지는 겨울철에는 매일 분무해주는 것이 좋다.

번식하기

분갈이를 할 때 줄기를 나누면 된다. 가장 생장이 활발한 시기 바로 직전인 봄철에 이 작업을 하면 좋다.

주로 화분에 심겨 옆으로 늘어지거나 행잉바스켓에 담겨 자란다. 깃털처럼 가볍고 우아한 잎 때문에 흔히 기르는 이 식물의 영어이름은 고사리 아스파라거스(Asparagus Fern)이지만 실제로는 양치류가 아니라 백합과에 속한다. 다른 양치류보다 훨씬 관리하기 쉽고, 습도 높은 환경 또한 필요로 하지 않지만, 잠재력을 최대한 이끌어내려면 가지를 뻗을 충분한 공간을 확보해줘야 한다.

아스파라거스

Asparagus setaceus

햇빛

빛이 적거나 많거나 모두 잘 적응할 수 있지만 직사광선은 갈변이나 잎이 떨어지는 원인이 될 수 있으므로 주의한다.

물주기

정기적으로 물을 주고 퇴비가 마르지 않게 한다. 흙이 마르면 아래쪽 잎이 황변될 수 있다. 분무기는 쓰지 않아도 되지만, 겨울철에는 잎이 떨어지는 것을 막기 위해 사용하는 것이 좋다.

번식하기

때때로 작은 흰색 꽃과 열매를 맺기도 한다. 운이 좋아 열매 맺는 것을 본다면, 땅에 심어 번식시킬 수 있다. 또 분갈이를 통해 포기나누기로도 쉽게 번식시킬 수 있다. 가늘고 약한 줄기가 엉키지 않도록 조심해서 새 화분으로 옮긴다.

브라질의 열대우림이 원산지인 칼라데아 랑키폴리아는 화려하고 특이한 잎 모양과 무늬를 보기 위해 기른다. 밝은 녹색의 윗면과 짙은 보라색의 밑면이 아름답게 조화를 이루는 잎은 어느 가정에나 아열대의 향취를 불어넣을 것이다. 영양이 풍부하고 습한 환경을 필요로 하므로 가능한 이 조건을 맞춰주자.

칼라데아 랑키폴리아

Calathea lancifolia

햇빛

너무 많은 양의 햇빛은 잎을 갈변시키고 바싹 마르게 만들 수 있으니 간접광이 있는 그늘진 곳에서 기르는 것이 좋다. 급격한 온도 변화와 건조한 환경을 좋아하지 않으므로 습하고 따뜻하게 유지한다. 추위는 반드시 피한다.

물주기

습도 높은 환경을 좋아한다. 여름철에는 흙을 항상 촉촉하게 유지하고 물을 자주 분사해준다. 겨울철에는 휴면기에 들어가므로 2주에 한 번 정도 물을 준다.

분심기

식물이 화분을 답답해하는 봄철마다 분갈이를 해준다. 이때 포기나누기를 해도 좋다. 원하는 만큼 줄기를 나누어서 개별 화분에 심으면 된다.

중국 남부가 자생지인 필레아는 중국동전풀(Chinese Money Plant)이나 팬케이크 식물(Pan-cake Plant)로도 불리는데, 그 모양을 보면 이유를 쉽게 알 수 있다. 둥글넓적한 잎은 집 안 인테리어의 핵심이 된다. 키가 작은 편으로 최대 30센티미터까지 자라며 빛을 따르는 성질이 있다. 성숙한 식물은 가능한 많은 빛을 보기 위해 나뭇결 같은 줄기를 이리저리 구부릴 것이다.

필레아 페페로미오이데스

Pilea peperomioides

햇빛

이 아름다운 식물은 그늘진 곳을 선호한다. 따라서 겨울철 창문가 같은 곳이 적합하다. 직사광선에 노출되면 화상을 입어 손상되기 쉽다. 날씨가 좋은 여름철에는 밖에 내놓아도 좋다(물론 서늘한 곳에 둔다). 겨울철 그늘진 곳에 옮겨두면 운이 좋을 때 작고 흰 꽃을 볼 수 있다.

물주기

관리하기가 비교적 쉬운 필레아는 배수성이 높은 흙에서 아주 잘 자란다. 흙이 완전히 말랐을 때 일주일에 한 번씩 물을 주면 된다. 더운 여름철에는 조금 더 자주 줘도 좋다.

번식하기

완전한 자가 번식이 가능하다. 필레아는 어릴 때부터 줄기 밑에서 어린묘를 만들기 시작할 것이다. 삽목으로 번식할 수도 있다. 긴 줄기는 물잔에 넣어두면 금방 튼튼한 뿌리를 형성하므로 뿌리가 길게 자라면 젖은 흙에 옮겨 심는다.

스리랑카 열대 지방이 자생지인 이 식물은 공기 중의 습도와 온도에 민감해 관리가 쉽지 않다. 그러나 크로톤의 매력이 무엇인지는 분명하다. 화려하고 알록달록한 잎의 그림 같은 무늬는 여러 식물 가운데에서도 단연 눈에 띄기 때문이다.

크로톤

Codiaeum variegatum var. *pictum*

햇빛

밝은 빛은 필수적이지만 잎이 열상을 입을 수 있으므로 직사광선은 피한다. 충분한 빛이 주어지지 않았을 경우에는 잎 모양과 색이 바랠 수 있으니 광량을 잘 조절하자.

물주기

여름철에는 물을 듬뿍 주어 흙이 항상 젖어있도록 한다. 물이 부족하면 아랫부분의 잎이 갈변하여 떨어진다. 습도와 온도가 높은 환경에 익숙하므로 여름에는 자주, 가능하다면 매일 분무하고, 잎은 정기적으로 씻어낸다. 겨울철에는 잎이 마르거나 냉해를 입지 않도록 주의하자.

분심기

분갈이는 봄에 한다. 급격한 변화는 잎이 잘 떨어질 수 있으니 조심하자. 흙은 그대로 유지하고 웬만하면 위치도 옮기지 않는다.

최근 들어 필리핀이 자생지인 알로카시아를 찾는 사람들이 많아졌다. 색다른 것을 원하는 식물 러버에게 안성맞춤인 식물이다. 요즘은 다양한 교배종이 시중에 나와 있지만 가장 인기가 있는 것은 직립성의 줄기와 진한 녹색의 광택이 돋보이는 잎, 옅은 잎맥이 특징적인 산데리아나 종이다.

알로카시아 산데리아나

Alocasia sanderiana

햇빛

직사광선이 내리쬐는 여름철의 태양은 나뭇잎에 쉽게 화상을 입힐 수 있기에 피해야 한다. 따라서 그늘진 곳에 두고, 일조량이 적은 겨울철에만 햇빛을 쬐어준다.

물주기

알로카시아는 주로 축축하고 습한 환경에서 자란다. 따라서 실내에서도 잘 기르려면 이런 환경을 최대한 만들어주어야 한다. 가능하면 여름철에는 흙이 마르지 않도록 하고, 잎에 물을 자주 뿌려준다.

번식하기

알로카시아는 땅속줄기에서 자라는데, 봄철 분갈이 시기에 이 줄기를 쉽게 나누어 여러 개의 작은 화분에 옮겨 심을 수 있다. 땅속줄기 윗부분은 흙 위로 드러나게 심어야 생장이 촉진된다.

주의점

독성이 강하므로 애완동물이나 어린아이의 손이 닿지 않는 곳에 둔다.

특유의 강인함으로 얼마 동안 방치해도 잘 견디는 성질 때문에 무쇠 식물(Cast Iron Plant)이라는 영어 이름을 갖는 엽란은 1970년대부터 실내식물로 인기가 높았다. 빛이 매우 부족하거나 혹은 지나친 환경뿐 아니라 가뭄에도 잘 견딘다.

엽란

Aspidistra elatior

햇빛

대부분의 조명 환경에서 잘 자라지만, 아름답게 골이 진 잎이 화상을 입을 수 있으니 직사광선은 피하자.

물주기

여름철에는 약 1주에 한 번 정도, 서늘한 겨울에는 2주에 한 번 주되, 뿌리가 썩을 수 있으므로 뿌리 쪽의 흙이 흠뻑 젖지 않도록 한다. 다른 식물처럼 습기를 필요로 하지는 않으나 이따금 잎을 닦아주면 좋다.

분갈이

다른 화분에 옮길 필요 없이 4~5년은 동일한 화분에서 아주 잘 자란다. 다만 봄철에 화분이 너무 꽉 차있지는 않은지 확인해주는 것이 좋다. 만약 화분이 좁다고 느껴진다면 새로 난 싹을 제거하고, 뿌리가 아직 붙어있는지 확인한 후, 포기 나누기를 해서 촉촉한 흙을 채운 다른 화분에 옮겨 심는다.

렉스베고니아의 원산지는 본래 인도이지만 안타깝게도 원종은 더 이상 존재하지 않는다. 현재 우리가 플랜트숍에서 볼 수 있는 것은 원종을 개량한 밝은 색깔의 교배종이다. 렉스베고니아는 꽃을 거의 피우지 않지만 만약 꽃이 피었다고 해도 이를 제거하는 것이 안으로 말려들어간 매혹적인 잎이 자라는 데 필요한 모든 양분을 집중할 수 있게 되어 여러모로 좋다. 잎은 털이 많은 줄기에서 자라나며, 한쪽으로 치우쳐 자라는 모습 때문에 종종 비뚤게 보이지만, 렉스베고니아의 진정한 아름다움은 그 알록달록한 색상과 무늬, 그리고 가끔 볼 수 있는 금속성 은색의 광택에 있다.

렉스베고니아

Begonia rex

햇빛

베고니아의 잎은 태양을 향해 자라기 때문에 식물의 모든 부분이 건강하게 성장할 수 있도록 가끔 화분을 돌려줄 필요가 있다. 직사광선이 비치지 않는 밝은 장소에 배치한다. 겨울철에는 가능하면 아침저녁으로 몇 시간씩 빛을 쬐어준다.

물주기

흙은 항상 젖은 상태로 두되, 여름철에는 물 주는 사이에 표토가 살짝 마를 수 있게 한다. 겨울철에는 물을 더 적게 준다. 베고니아는 습기를 좋아하므로 주변 공기에 분무해주면 좋지만 잎에 직접 물이 닿지는 않게 한다.

분갈이

베고니아는 성장이 빨라 금방 크게 자랄 수 있고, 뿌리가 화분에 꽉 차기 쉬우므로 매년 봄이면 분갈이를 해줘야 한다. 만약 뿌리가 화분에 가득 차면 잎색이 활기를 잃게 된다.

멕시코가 원산지인 덕구리란은 백합과 식물로 집에서 기르기 쉬운 편이다. 겉모습은 상당히 인상적인데, 구부러진 잎은 흙 바로 위에 솟아난 중앙 구근에서부터 돋아난다. 이 구근은 물을 저장하는 기능을 하는데, 덕분에 때때로 뿌리가 조금 마르더라도 크게 손상되지는 않을 것이다. 느리게 자라는 식물이기 때문에 대개 작은 묘목 형태로만 볼 수 있지만 오래 성장한 개체는 최대 1.9미터까지 자랄 수도 있다!

덕구리란

Beaucarnea recurvata

햇빛

밝은 빛이 좋지만 직사광선은 피한다. 광택이 있는 아치형 잎은 빛을 많이 받을수록 강해진다.

물주기

여름철에는 물을 충분히 주되, 물 주는 사이에 흙이 완전히 마르도록 한다. 겨울철에는 약 2주에 한 번 정도로 물을 준다. 언급했듯이 물은 구근에 저장되어 있으므로 과잉급수는 삼간다. 분무는 따로 필요 없다.

번식하기

덕구리란은 어린묘로만 번식되지만, 이것이 흔한 일은 아니므로 가정에서의 번식은 별로 권장하지 않는다.

그림 같은 잎을 가진 피토니아는 다소 길게 늘어지면서 자라는 소형식물로, 인기가 많다. 그러나 일반적인 가정에서 잘 관리하기란 쉬운 일이 아니다. 항상 습한 환경을 유지해줘야 하므로 병이나 테라리움 등에 기르는 것이 좋다.

피토니아

Fittonia albivenis

햇빛

페루의 정글이 원산지인 피토니아는 다른 식물의 차양 아래에서 부분적인 빛을 받고 사는 것에 익숙하므로 직사광선을 피해 그늘에 보관한다. 빛을 너무 많이 받으면 잎이 하얗게 되고 밝은 분홍색의 잎맥이 퇴색될 수 있다.

물주기

정기적으로 물을 줘야 한다. 흙은 축축하게 유지해야 하며, 분무는 선택이 아닌 필수다. 피토니아가 축 늘어져서 시들시들하면 물이 부족하다는 신호다. 그래도 충분히 살릴 수 있다. 물을 듬뿍 주면 한 시간 안에 기적적으로 살아나는 것을 볼 수 있을 것이다.

번식하기

피토니아 줄기는 뿌리 유도 용액을 사용하거나 얕은 물에 담가두는 것만으로도 간단히 뿌리 내릴 수 있다. 몇 주 안에 새로운 뿌리를 만들 수 있을 것이다. 뿌리가 길고 튼튼하게 성장하면 묘목을 젖은 흙에 옮겨 심는다.

마치 종이 같은, 밝은 녹색의 잎과 길고 우아한 검은색의 줄기가 조화로운 공작고사리는 일 년 내내 세심하게 보살펴줘야 한다. 꽤나 높은 습도에서 잘 자라기 때문에 샤워 부스나 욕조가 있는 화장실은 공작고사리에게 최적의 장소다.

공작고사리

Adiantum raddianum

햇빛

빛이 과다하면 열해를 일으키고, 빛이 충분하지 않으면 성장이 저해되고 황변을 일으킬 수 있으니 균형 잡힌 광량을 제공하는 것이 필수다. 외풍은 피하고, 아침과 오후에 간접적으로 햇빛이 드는 곳에 두면 좋다.

물주기

여름철에는 흙을 촉촉하게 유지하고 자주 분무하여 주변 공기를 습도 높게 관리한다. 물을 뿌릴 때 자세히 살펴보면 잎이 젖지 않고 물을 튕겨내는 모습을 볼 수 있을 것이다.

가지치기

잎이 갈색으로 변하거나 쪼그라든 모습을 발견했다고 해서 실망하지 말자. 잘 다듬어주면 얼마 후 새롭게 성장하는 공작고사리를 볼 수 있을 것이다.

주의점

공작고사리의 잎은 식물이 얼마나 건강한지를 보여주는 훌륭한 지표이다. 공기가 너무 건조하고 식물에 습기가 부족하면 끝이 갈색으로 변할 수 있다. 창백한 잎은 비료가 부족하다는 징후이며, 열해 흔적이 나타나면 식물이 과다한 햇빛에 노출되어 있다는 뜻이다.

장식파인애플이라고도 알려진 무늬파인애플은 확실히 집에 두고 보기에 즐거운 식물이다. 키우기 쉬울뿐더러 꼭대기에서 자라나는 독특한, 분홍색의 작은 열매는 틀림없이 눈길을 끌 것이다. 무늬파인애플은 브로멜리아드(*Bromeliad*)과에 속하며 다른 식물의 가지나 나무에 매달려 자라지 않고 땅에서 자라는 식물이다.

무늬파인애플

Ananas comosus 'Variegatus'

햇빛

무늬파인애플은 햇빛을 좋아한다. 자연 상태에서 열매가 익는 것도 햇빛 덕분이다. 직사광선이 닿지 않는 밝은 곳에 두자. 빛이 너무 적으면 꽃을 피우거나 열매를 맺지 않는다.

물주기

다른 브로멜리아드과 식물과 마찬가지로 무늬파인애플은 로제트 모양으로 펼쳐진 잎에 물을 모은다. 따라서 여름에는 일주일에 한 번 물을 주되, 다음 번 물을 주기까지 흙이 완전히 마르도록 한다. 겨울에는 몇 주에 한 번씩만 물주기를 하면 된다.

Tip

?

무늬파인애플은 잎의 길이가 약 1미터까지 자란다. 여름에는 원추형의 보라색 화서가 생기고, 곧이어 최대 30센티미터 정도의 밝은 빨강색 식용 파인애플이 열매를 맺는다.

남아메리카의 열대우림에서 발견되는 만다이아눔 토끼발고사리는 전형적인 양치식물의 형태를 띠지 않는다. 종이처럼 섬세한 푸른 잎은 마치 잘려나간 듯한 무늬를 가지며, 얼핏 곱슬머리처럼 보이기도 한다. 이 매력적이고 독특한 식물은 어느 곳에서나 멋진 포인트가 될 것이다. 다른 양치식물과는 달리, 착생식물인 만다이아눔 토끼발고사리는 일반적인 화분용 배합토보다 다소 엉성한 혼합토가 적당하다. 난초용 혼합토 정도면 적당할 것이다. 뿌리가 썩는 것을 방지하기 위해 배수상태를 항상 확인하자.

만다이아눔 토끼발고사리

Phlebodium aureum 'Mandaianum'

햇빛

대부분의 고사리류와 마찬가지로 만다이아눔 토끼발고사리 역시 어두운 조명을 선호한다. 직사광선 가까이에 두지 않는 편이 좋다.

물주기

배수가 잘 되는 흙을 사용한다면 물을 충분히 줘야 한다. 여름철에는 퇴비가 완전히 마르지 않도록 주의한다. 특이하게도 이 고사리는 식물 중심부에 직접 물을 붓는 것을 좋아하지 않는다. 낙엽을 생기게 할 수 있으므로 물은 가장자리에서부터 준다. 잎을 싱그럽게 유지하고 가장자리가 갈색으로 변하는 것을 방지하려면 규칙적으로 분무를 해주어야 한다.

번식하기

분갈이를 할 무렵에 포기나누기로 쉽게 번식시킬 수 있다. 이 모든 과정은 생장이 왕성하기 직전인 봄철에 이루어져야 한다.

잎이 종이처럼 얇고 분홍, 초록, 흰색의 알록달록한 잎 무늬가 아름다운 이 식물은 단연코 눈길을 끈다. 마다가스카르가 원산지로, 키우기 쉽다. 그러나 한 가지 단점이 있는데, 바로 상대적으로 짧은 수명이다. 꽃을 피우고 나면 휴면기에 들어가거나 완전히 죽어버리기도 한다. 밝은 라벤더색의 꽃은 길다란 꽃차례에서 자라나는데, 수명을 연장하기 위해서는 이 꽃을 잘라내는 것이 좋다. 어차피 주로 잎을 감상하기 위해 기르는 식물이니 말이다.

히포에스테스 필로스타키아

Hypoestes phyllostachya

햇빛

밝은 빛이 가장 좋다. 광량이 많을수록 더 깊고 선명한 색으로 변한다. 나뭇잎에 녹색 얼룩이 나타나기 시작하면 더 밝은 위치로 이동해야 한다는 신호이다.

물주기

여름철 내내 흙을 촉촉하게 유지하고 자주 분무하여 습도를 높여준다. 겨울철과 개화 후에는 물을 너무 많이 주지 않는다. 식물이 휴면기에 들어간다면, 새로운 생장을 보이는 직후부터 평소와 같이 계속 물을 준다.

분심기

봄철이나 뿌리가 화분 밖으로 자라나오면 분갈이를 한다. 성장이 멈춘 것 같다면 뿌리가 화분에 가득 찼을 확률이 높으니 화분을 옮겨 심는다.

요즘 가장 인기 있는 식물 중 하나일 몬스테라는 멕시코와 콜롬비아 삼림에 자생한다. 다른 것을 타고 오르기를 좋아하며 엄청난 크기로 성장할 수 있는 식물이기 때문에 번식하기에 충분한 공간을 확보하는 것은 필수다. 몬스테라는 튼튼한 지지대를 설치해주는 것이 좋은데, 줄기에서 땅 밖으로 퍼져 자라는 뿌리가 돋아나기 때문이다. 이 뿌리들은 지지대에 매달려 습기와 안정성을 확보한다.

몬스테라

Monstera deliciosa

햇빛

몬스테라는 튼튼하여 관리가 아주 쉽다. 밝은 부분 채광을 즐기지만 잎이 탈 수 있으니 직사광선은 피하도록 한다.

물주기

비교적 간단한 편. 더운 계절에는 일주일에 한 번 물을 듬뿍 주고, 서늘한 겨울에는 2~3주에 한 번씩 물을 주되, 2.5센티미터 정도의 표토는 물주기를 하는 사이에 건조되도록 한다. 열대우림이 원산인 이 식물은 잎 주위에 물을 분무하여 습기를 제공해주는 것이 좋다.

번식하기

번식 또한 무척 쉬운 편이다. 밑동에서 어린 줄기를 하나 잘라내어 물에 담가 뿌리가 돋도록 한다. 줄기 끝에 많은 양의 뿌리가 자라면 모래가 섞인 혼합토에 심는다.

중남미가 원산지인 이 착생식물은 나무에 매달려 자라거나, 지면 가까이에서 다른 식물에 착생한다. 생애에 걸쳐 단 한 번만 꽃을 피우지만, 한 번 핀 꽃은 수년간 남아있기도 한다. 꽃이 시들기 시작하면 식물도 죽기 시작할 것이다.

틸란드시아 키아네아

Tillandsia cyanea

햇빛

밝은 간접광이면 충분하다. 인공적인 형광등 빛만 쬐어주어도 잘 자란다. 가능하다면 받을 수 있는 만큼 많은 빛을 받으려 하는 식물이지만, 잎과 꽃을 상하게 하고 또 꽃이 일찍 시들 수 있으니 직사광선은 피하도록 한다.

물주기

아침 일찍 물을 주는 것이 이상적이다. 최상의 결과를 얻으려면 일주일에 한 번 듬뿍 적셔준다. 질식과 뿌리가 썩는 것을 피하기 위해 물을 주는 사이사이에는 흙을 완전히 건조시키자. 대부분은 가뭄을 잘 견디지만 물이 부족하면 휴면기에 들어갈 수 있다. 가끔씩 분무기로 물을 뿌려주는 것만으로는 부족하다.

번식하기

꽃이 질 때쯤이면 잎의 기부에서 어린묘를 생산하기 시작한다. 몇 달 정도 성장하고 나면 분리하여 종자 혹은 삽목용 배양토에 옮겨 심는다. 식물이 완전히 자랄 때까지 따뜻한 온도를 유지한다.

물결 문양의 장식을 덧댄 듯한, 팬케이크 모양의 잎을 가진 이 길쭉한 식물은 '행운의 잎(Lucky leaves)'으로도 잘 알려져 있다. 남아프리카공화국 및 남태평양 일대의 열대 기후에 자생하며 요리와 의약용으로 사용된다. 특히 많은 나라에서 피부 관련 질환에 사용되고 있다. 다년생 상록식물로, 너무 크게 자랐다 싶으면 토양 표면의 바로 위쪽까지 다듬어서 새로운 생장 공간을 확보해주는 것이 좋다.

행운잎병풀

Centella asiatica 'Lucky leaves'

햇빛

센텔라속 식물은 간접채광과 그늘진 공간을 선호한다. 잎이 쉽게 화상을 입고 시들 수 있으니 직사광선은 피한다.

물주기

언제나 흙을 촉촉하게 유지한다. 분무는 그다지 필요하지 않지만 식물이 완전히 마르지 않도록 주의한다.

번식하기

섬세하고 가는 줄기를 포기나누기로 다른 화분에 옮기면 번식하기 쉽다. 뿌리를 손상시키지 않도록 조심스레 분리하자. 분갈이 후에는 충분히 물을 준다.

주의점

행운잎병풀은 피부를 자극하는 것으로 알려져 있다. 걱정된다면 식물을 만지거나 분갈이를 할 때 장갑을 착용한다.

집에서 기르고 싶은 양치류를 고를 때면 그 종류가 너무나 다양해 선택하는 것이 쉽지 않지만, 그 중에서도 보스턴고사리는 레이스 패턴의 잎과 우아한 아치형의 잎 모양이 아름다움을 뽐내는 것으로 유명하다.

보스턴고사리

Nephrolepis exaltata 'Bostoniensis'

햇빛

널리 알려진 사실과는 달리, 모든 양치류 식물이 그늘에서 잘 자라는 것은 아니다. 자생지에서는 열대성 기후 특유의 밝고 부분적인 햇살에 익숙하며, 보스턴고사리 역시 간접적인 햇살을 즐기는 편이다.

물주기

항상 퇴비를 축축하게 유지한다. 흙이 건조하면 잎 끝이 갈색으로 변할 수 있다. 그러나 흠뻑 젖어 질척거리는 흙에 보스턴고사리를 방치하면 뿌리가 썩을 수 있으니 주의가 필요하다. 기본적으로 습기가 많은 환경을 좋아하므로 주기적으로 분무한다.

번식하기

보스턴고사리는 번식이 매우 용이하다. 포기나누기로 새로 심어도 되고, 이따금씩 식물체의 기부로부터 새로운 개체가 돋아나기도 한다. 이렇게 형성된 묘목은 흙에 닿으면 뿌리를 내리기 시작하는데, 이때 조심스럽게 옮겨 심으면 된다.

Tip

보스턴고사리라는 이름은 네프롤레피스속 식물이 사멸되었다고 여겨졌던 100여년 전 미국 보스턴에서 재발견된 것에서 유래했다. 이후 보스턴고사리는 습한 욕실 등에서 흔히 기르는 식물이 되었다.

높이가 최대 2.5미터까지 자라는 이 크고 우아한 식물은 줄기에서 싹이 돋아나고 손가락 같은 광택성의 잎이 우산살처럼 퍼진다. 무늬홍콩야자가 우산 식물(Umbrella Plant)이라는 영어이름을 얻게 된 이유이다. 무늬홍콩야자는 두 종류가 있으며, 하나는 녹색 잎을 가지고 있고 다른 하나는 알록달록한 무늬를 지녔다. 두 종류 모두 천장까지 높이 자랄 수 있으니, 테이블 위에 놓고 감상하고 싶다면 자주 다듬어서 작게 유지한다.

무늬홍콩야자

Schefflera arboricola

햇빛

밝은 빛을 좋아하지만 직사광선은 피하는 것이 좋다. 무늬홍콩야자는 빛을 많이 받을수록 더욱 뚜렷한 생장을 보인다. 빛이 충분하지 않다면 웃자라서 꺽다리 같은 인상을 주고, 줄기 사이가 벌어지면서 대머리의 비어 있는 정수리처럼 휑하게 보일 것이다.

물주기

건강한 무늬홍콩야자를 보고 싶다면 물을 넉넉하게 줄 것. 퇴비는 항상 축축하게 유지해야 한다. 하지만 무늬홍콩야자는 약간 방치해둬도 꽤나 잘 견딘다. 1~2주 정도 물주는 것을 깜박한다고 해서 장기적인 문제를 일으키지는 않는다. 오히려 물을 지나치게 많이 주면 뿌리가 썩고 죽을 수도 있으니, 차라리 물 부족이 나을지도.

번식하기

무늬홍콩야자는 번식이 아주 까다로운 편이다. 가장 좋은 방법은 봄철에 생장 부위를 약 5센티미터 정도 잘라내어 생장 용액에 담그는 것이다. 몇 차례 실패할 각오는 해야 한다.

커다란 포인트 식물을 찾고 있다면 제나두필로덴드론이 제격일 수 있다. 가위로 오려낸 듯한 장식적인 형태에 광택이 나는 녹색의 잎은 실내 화단에서도 충분히 둥그스름한 모양으로 풍성하게 성장할 수 있다. 물론 충분한 공간이 뒷받침되어야 하지만 말이다.

제나두필로덴드론

Philodendron xanadu

햇빛

부분 채광이나 밝은 그늘을 좋아하며, 직사광선은 피한다. 싱그럽게 유지하고 성장을 촉진하기 위해서는 따뜻한 온도를 유지하는 것이 중요하다.

물주기

더운 계절에는 충분히 물을 주어 항상 흙이 촉촉하게 젖어있도록 한다. 정기적으로 분무를 하는 것도 포인트! 제나두필로덴드론은 잎이 커서 주기적으로 닦아줘야 한다. 잎에 먼지가 쌓이면 주위의 수분을 흡수하는 것이 어려워지기 때문이다.

번식하기

식물 밑동에서 줄기를 잘라내어 사용한다. 잘라낸 줄기는 생장 용액에 담가두었다가 새로 심는다. 흙이 축축하게 유지되도록 한다.

붉은 광택성의 불염포가 돋보이는 화려한 플라밍고안수리움은 유연관계가 있는 안수리움 안드레아눔의 하트 모양 잎과 비교하면 그 잎 모양이 길고 늘씬하다. 두 종류 모두 화려한 불염포를 보기 위해 키우지만, 둘 사이에는 몇 가지 차이점이 있다. 플라밍고안수리움은 안드레아눔보다 크기가 작은 편이고, 안드레아눔의 곧은 꽃차례와 비교하여 곱슬거리는 꽃차례를 지닌다.

플라밍고안수리움

Anthurium scherzerianum

햇빛

모든 안수리움속 식물은 직사광선에 취약한 편이다. 잎이 갈색으로 변할 수 있으므로 따가운 여름의 태양으로부터 보호해야 한다. 그러나 빛이 부족하면 불염포의 색이 바랠 수 있으므로 겨울에는 양지바른 곳에 두자.

물주기

여름에는 퇴비를 항상 축축하게 유지한다. 며칠에 한 번씩 물을 주어 흙이 마르지 않도록 주의한다. 겨울에는 1~2주에 한 번 정도로 물 주는 횟수를 줄이되, 습도는 항상 높게 유지해야 하므로 자주 분무를 해주는 것이 좋다.

번식하기

분갈이를 할 때 번식시킬 수 있다. 포기나누기로 번식된다. 1~2년에 한 번 정도, 주된 생장기가 시작되기 전인 봄철에 이 작업을 진행한다.

한국과 중국, 일본에 자생하는 식나무의 아름다운 노란 얼룩무늬 잎은 주로 야외에서만 볼 수 있다. 실내에서 키우기에 적합한 것은 금식나무뿐이다. 길고 얇으며 가죽 같은 잎은 그 가장자리가 장식적이다. 1.5미터 이상 성장할 수 있는 식물이지만 간단한 가지치기만으로도 작게 유지할 수 있다.

금식나무

Aucuba japonica 'Variegata'

햇빛

밝은 빛과 간접적인 햇빛을 좋아한다. 특히 여름철에는 직접적인 복사열에 노출되지 않도록 주의한다. 겨울에는 가능한 많은 빛을 쬐어주기 위해 밝은 장소로 옮겨준다.

물주기

여름철에는 정기적으로 물을 주고, 추운 겨울에는 물 주는 횟수를 약간 줄인다. 다음 번 물을 주기 전에 흙이 완전히 말랐는지 확인하자. 겨울에는 난방 탓에 공기가 건조하므로 분무기를 자주 사용한다.

번식하기

봄철에 줄기를 잘라서 번식시킬 수 있다. 집에서 꽃을 피우는 것은 매우 드물지만, 운이 좋다면 덤불 바깥쪽으로 자주색 작은 꽃이 피는 것을 볼 수 있다. 꽃은 10~30송이씩 무리를 지어 식물 전체에 퍼진다.

실내식물 중 가장 널리 알려진 접란은 오래 전부터 가정과 사무실의 장식 포인트로 활용되었다. 다양한 품종이 있고 관리와 번식이 쉬운 편이기 때문이다. 충해에 강하며, 경험할 수 있는 가장 큰 골칫거리는 잎 끝이 갈색으로 변하는 정도다.

접란

Chlorophytum comosum

햇빛

간접 조명을 좋아한다. 직사광선에 과도하게 노출되면 잎이 갈색으로 변할 수 있고 제멋대로 자라기 쉽다. 주로 잎을 감상할 목적으로 키우지만 광량이 적당하고 운이 좋다면 중앙부에서 자라난 줄기 끝에 섬세한 흰 꽃이 맺히는 것을 볼 수 있다.

물주기

물을 주는 사이에는 흙이 완전히 마르도록 한다. 따라서 배수가 좋다면 매주 혹은 2주에 한 번 정도 물을 주는 것이 적당하다. 접란은 낮은 습도에도 잘 견디므로 분무가 반드시 필요한 것은 아니지만, 이따금씩 물을 뿌려주면 좋아할 것이다.

번식하기

꽃줄기 끝에서 작게 새로이 돋아나기 시작하는 접란의 특성상 번식은 무척 쉽다. 이 작은 식물들이 스스로 뿌리내리기 시작하면 줄기에서 떼어내어 다시 심으면 된다.

떡갈잎고무나무는 바이올린 모양의 윤기 나는 잎 덕분에 실내화단에 중대형 식물을 배치하고자 하는 사람들에게 인기가 높다. 어떤 개체는 빠르게 자라 덤불처럼 되고, 또 어떤 것은 곧게 자라 조금 더 나무처럼 보인다. 이 두 외양의 차이는 나이에서 오는데, 어린 식물은 줄기 아랫부분까지 잎이 나는 반면에, 몇 년간 가지치기와 관리를 거친 성숙한 나무는 몸통 윗부분에만 잎이 자라 창의적인 모양을 만들어낸다.

떡갈잎고무나무

Ficus lyrata

햇빛

식물의 연령이나 형태에 관계없이 이 식물은 밝고 간접적인 햇빛을 좋아한다. 직사광선에 노출되지 않는 한 어느 환경에나 적응한다.

물주기

떡갈잎고무나무는 흙에 남은 수분을 금방 흡수하므로 여름철에는 물을 충분히 준다. 그러나 물을 너무 많이 주면 낙엽을 유발할 수 있으니 주의하자. 주변 공기가 건조해도 잎이 떨어질 수 있으므로 주 1회 정도 분무해준다. 겨울에는 2주에 한 번 정도 물을 주며, 물을 주는 사이에는 흙이 완전히 마르도록 한다.

습도

일반적인 가정의 실내 환경에 대체로 잘 적응하는 편이지만, 난방을 사용하는 겨울철에는 분무를 해준다.

뽕나무과 식물 중 가장 독특한 식물 중 하나인 벤자민고무나무의 영어이름은 '늘어진 무화과(Weeping Fig)'로, 섬세한 나뭇결 줄기에 줄지어 난 좁은 화살촉 모양의 잎에서 유래했다. 초보자들이 키우기 적합한 식물로, 일반적인 나무처럼 벤자민고무나무 역시 겨울이면 잎이 떨어지니 놀라지 말자! 다양한 종류가 있으며, 아름답고 창백한 녹색과 흰색 잎을 자랑하는 바리에가타, 나선형으로 구부러진 잎을 가진 바로크, 좁고 뾰족한 진녹색의 광택성 잎을 지닌 일반적인 벤자민고무나무 등이 있다.

벤자민고무나무

Ficus benjamina

햇빛

따스한 아침햇살을 즐기기 때문에 꽤 오랫동안 햇빛을 쬐어줘도 좋다. 그러나 한낮의 강한 햇살은 피하도록 한다. 대부분의 환경에 잘 적응하므로 광량이 많지 않아도 큰 문제는 없다.

물주기

여름철에는 적당히 물을 주되 물을 주는 사이에는 흙이 완전히 마르도록 한다. 젖은 흙에 뿌리를 방치하는 것은 좋지 않다. 반면, 너무 건조하면 잎이 떨어지기 쉬우니 분무도 중요하다.

분갈이

2년에 한 번 봄철에 분갈이를 한다. 지나치게 잘 자란다면 계속 분갈이를 해줘도 된다. 분재 크기로 관리할 수도 있는데, 가지치기 등 기르는 데 많은 시간이 걸리지만 성취감을 느낄 수 있는 가장 좋은 방법이기도 하다.

관상용 식물이라기보다는 털이 난 애벌레를 더 닮은 이 식충식물은 끈적한 붉은색의 섬모가 난 로제트형 잎에서 점액을 분비하면서 파리와 기타 곤충을 잡는다. 가장 기르기 쉬운 식충식물 중 하나로 어떤 환경에서건 잘 자라며, 일반적인 가정의 모든 조건들에 잘 적응한다. 휴면기가 거의 없어 연중 실내에서 키울 수 있다. 생명력이 워낙 뛰어나서 잡초라고 생각하는 사람도 많다.

케이프끈끈이주걱

Drosera capensis

햇빛

밝은 빛을 받으면 더욱 잘 자란다. 소량의 직사광선에서도 잘 자란다. 빛을 잘 받으면 잎의 털이 밝게 변해 더 많은 곤충을 유인하게 된다.

물주기

여름철에는 뿌리 쪽에 물을 주고 흙이 항상 젖어있도록 한다. 화분 아래 물받침을 두어 흙이 마르면 곧바로 받침대의 물을 빨아들일 수 있도록 한다. 겨울에는 주 1회 정도, 막 흙이 마르기 시작할 무렵에 물을 주면 된다.

기르기

작고 우아한 분홍색 꽃을 피우는데, 잎에 달라붙어 곤충 잡는 것을 막을 수 있으니 시들기 시작하면 꽃은 제거한다.

네펜테스로도 불리는 이 식물은 자생지인 태국, 말레이시아, 필리핀 같은 열대 지방이 최적의 환경이지만, 보통의 가정집에서도 잘 자란다. 습도 높은 환경을 좋아해서 종종 테라리움에서 키운다. 그러나 때때로 테라리움의 밀봉된 유리병은 해결책보다는 문제의 원인이 되기도 한다. 포충낭의 성장을 방해하지 않도록 매달아 두거나 높은 선반 위에 올려놓고 기르는 것이 좋다.

벌레잡이통풀

Nepenthes

햇빛

햇살이 잘 드는 밝은 곳에 두면 대부분의 종은 잘 자란다. 매일 몇 시간씩 직사광선을 쬐는 일은 포충낭이 튼튼하게 성장하는 데 도움이 된다. 햇빛을 받으면 포충낭의 색도 짙어진다. 반면 빛이 부족하면 잎과 포충낭의 색이 탈색되는 것을 볼 수 있다. 이럴 땐 볕이 잘 드는 곳으로 자리를 옮겨준다.

물주기

퇴비를 항상 축축하게 유지하고 포충낭이 마르지 않도록 한다. 각각의 주머니는 몇 주에 한 번 정도 물을 반쯤 채워놓는 것이 좋다. 주변 환경의 습도를 높이기 위해 연중 주기적으로 분무를 한다.

기르기

벌레를 공급하기 위해 일부러 파리를 잡아다 주거나 정기적으로 영양을 공급할 필요는 없다. 곤충이 자연스럽게 포충낭에 들어가기 때문이다.

다른 식물이나 나무의 줄기 혹은 껍질에 착생하는 파인애플과 식물과는 달리, 우단애기아나나스는 흙에 뿌리를 내려 자라는 육생식물이다. 잎 모양 때문에 영어로는 지구별(Earth Star)이라는 별칭이 붙은 이 식물은 바닥에서 수 센티미터 정도로 자라고, 질긴 잎은 밝은 빨강에서 분홍색까지 여러 색조로 물든다.

우단애기아나나스

Cryptanthus bivittatus

햇빛

원산지인 남미 정글 바닥에서 자라는 데 익숙한 우단애기아나나스는 빛이 어른대는 약한 그늘을 즐기는 편이다. 따라서 햇빛으로부터 거리를 두어야 한다. 잎의 색깔을 보고 빛에 대한 내성을 가늠할 수 있는데, 햇빛이 너무 강하면 잎이 퇴색하고 화상을 입지만, 빛이 부족하면 붉은 색조가 녹색으로 변하기 시작한다.

물주기

습도 높은 환경을 좋아한다. 목욕탕과 샤워부스의 증기가 식물 주변의 습도를 높게 유지시켜주기 때문에 욕실에서 기르면 좋다. 이것이 여의치 않다면 주기적으로 분무를 해주거나 물을 채운 자갈 트레이에 화분을 올려둔다. 일주일에 한 번 꼴로 저면과수하고 겨울철에는 몇 주에 한 번씩 물을 주는 정도면 충분하다.

번식하기

대부분의 파인애플과 식물처럼 우단애기아나나스는 생애에 단 한 번 꽃을 피운다. 개화 후에는 어린묘와 새로운 줄기가 만들어지지만, 모본의 약 절반 정도 크기로 자랄 때까지는 내버려두어야 한다.

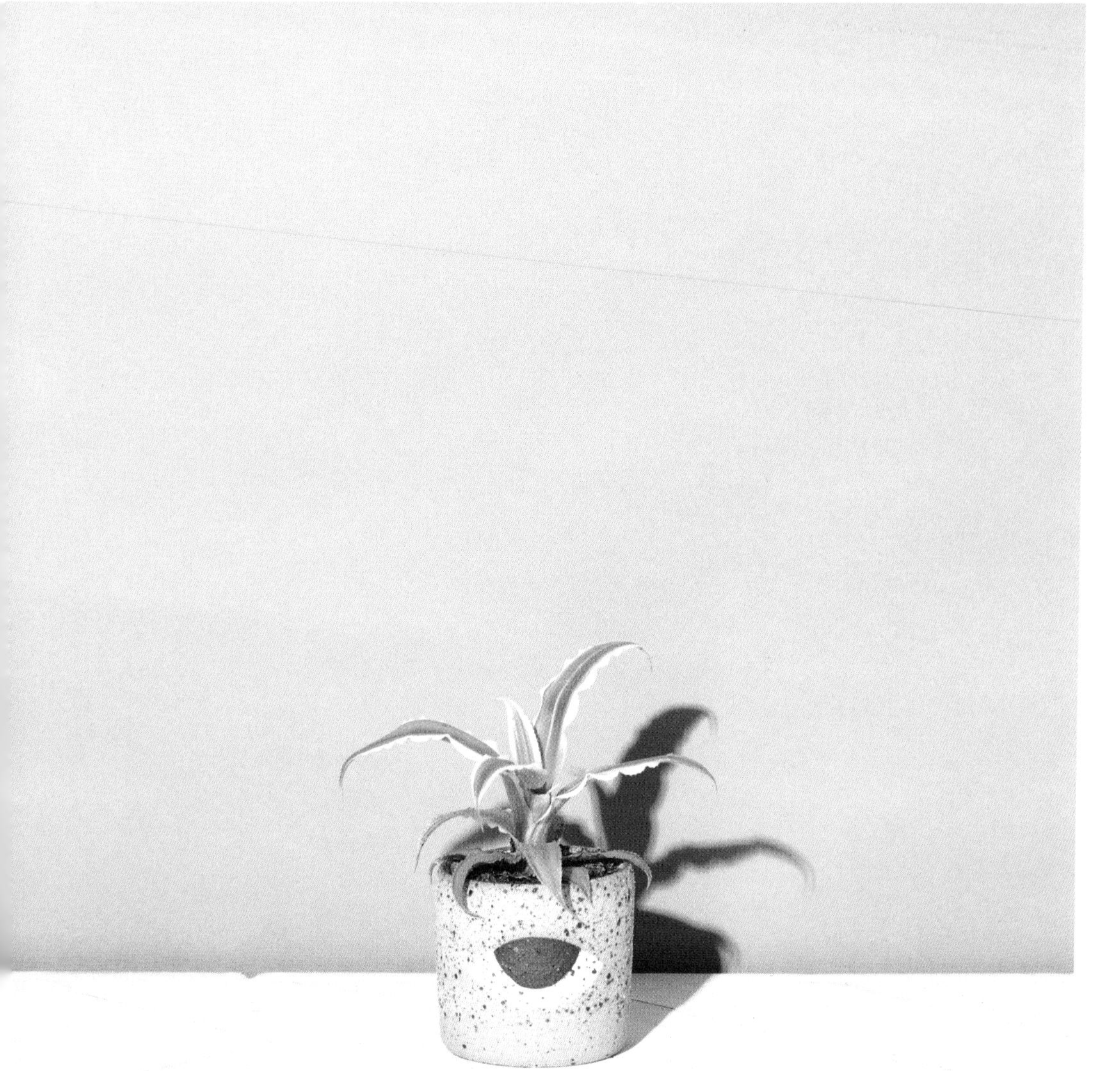

칼라데아속 식물은 매우 아름다운 종류가 많으며, 각기 자신만의 독특한 잎 모양과 패턴을 가지고 있다. 그중에서도 가장 인기 있는 로제오픽타는 뒷면이 보라색으로 열대 식물의 이미지를 풍기는 잎 덕분에 평이 좋다. 또 다른 종류의 칼라데아 '메달리온'(*Calathea* 'Medallion')은, 대부분의 칼라데아속 식물과 마찬가지로, 너무 덥거나 너무 춥거나 혹은 너무 건조하거나 너무 습한 경우 잘 자라지 않는 까다로운 식물이다. 그러나 적정 환경이 갖춰지면 약 60센티미터까지 성장하며, 무성하고 매력적으로 자랄 수 있다. 야간에 스스로 움츠리는 성질을 가지고 있는데, 넓게 뻗은 팔을 위쪽으로 들어올려 차지하는 공간을 좁힌다.

칼라데아 로제오픽타

Calathea roseopicta

햇빛

칼라데아에 너무 많은 햇빛을 주고 있는 것은 아닌지 금방 알아챌 수 있다. 직사광선은 잎을 태우고 가장자리를 버석하게 만들어서 식물이 보기 싫게 시들어버린다.

물주기

흙을 계속 축축하게 유지하되 완전히 젖지 않도록 한다. 흙이 완전히 마르면 잎이 갈색으로 변하고 떨어질 수 있다. 화분 아래 물웅덩이가 생기지 않도록 한다. 뿌리가 쉽게 썩을 수 있기 때문이다. 적절한 분무와 고습도 유지가 중요하다. 칼라데아는 낮은 습도에 몹시 취약해 금방 갈색으로 변하거나 잎을 떨어뜨린다. 정기적으로 물을 뿌려주자. 물을 채운 자갈 트레이 위에 화분을 올려주는 것이 좋다.

번식하기

포기나누기로 쉽게 번식시킬 수 있다. 조심스럽게 다루어서 뿌리가 찢어지거나 손상되지 않도록 주의해야 한다.

일본이 원산지인 비비추는 무성하게 잘 자라며, 일반적으로 실외에서 키우는 식물로 여겨져 왔다. 그러나 최근 들어 실내에서 키우는 경우가 늘었다. 정교한 꽃보다는 장식적인 잎의 무늬가 비비추의 매력이다. 비교적 돌보기 쉬운 편이며, 공간만 충분하다면 1.6미터까지도 자랄 수 있다. 호스타속 식물은 모두 겨울에 휴면기를 가지므로 일 년 내내 기르는 것이 바람직하다. 한철 여름 싱그럽게 번성했다가 죽어버리는 듯해도 실망하지 말 것!

비비추

Hosta

햇빛

호스타속 식물은 대부분이 그늘에서도 잘 자라지만 종류마다 정도의 차이가 있다. 어떤 것은 완전 그늘을 선호하지만, 또 어떤 것은 부분 그늘에서 가장 잘 자라는 경우도 있어, 구입 시 자세히 알아봐야 한다.

물주기

호스타속 식물을 화분에서 키울 경우 물을 많이 주어야 한다. 흙은 언제나 촉촉해야 하며, 특히 여름철의 더운 날씨에는 듬뿍 준다. 다만 뿌리가 젖으면 썩기 쉬우니 배수가 잘 되도록 한다.

분갈이

포기나누기로 분리, 번식시킬 수 있다. 각각의 포기에 뿌리가 잘 달려있는지를 확인하고 여분의 흙을 털어낸 후 분갈이를 한다. 늦봄에서 초여름 사이에만 분갈이를 한다.

이 덩굴성의 식물은 피쿠스속 식물을 떠올렸을 때 가장 먼저 생각나는 식물은 아니다. 그러나 낮게 기면서 자라는 다양성으로, 위에서 늘어뜨리든 아래에서 타고 올라가든 멋지게 잘 자라지만, 특히 이끼가 낀 지지대를 타고 올라가길 좋아한다. 이 식물의 줄기는 흙 위에도 곧잘 뿌리를 내리는데, 이러한 기근은 지지대에 매달리거나 테라리움 내부에서 딱 붙어 자랄 수 있게 도와준다.

무늬푸미라

Ficus pumila 'Variegata'

햇빛

지면 위를 기며 자라나는 무늬푸미라는 그늘진 곳을 좋아한다. 햇빛에 너무 많이 노출되면 잎이 갈색으로 변하거나 마르는 현상이 흔히 발생한다.

물주기

정기적으로 물을 주며, 특히 여름철에는 절대 마르지 않게 주의한다. 무늬푸미라를 싱그럽게 유지하기 위해서는 잦은 분무가 필수적이다. 겨울에는 관수량을 약간 줄여도 되지만 분무는 계속 해준다.

가지치기

식물이 자라면서 조금 덥수룩해 보일 수 있으므로 봄마다 조금씩 가지치기를 해서 생장을 촉진하고 깔끔하게 유지하자. 피쿠스속은 좁은 화분에 갇혀 있는 상황에 그럭저럭 잘 적응하는 편이지만, 뿌리를 뻗는 것을 좋아하기 때문에 분갈이를 할 때는 중심 뿌리 부분을 제외한 잔뿌리를 다듬어준다. 다만 화분 크기를 늘릴 예정이라면 뿌리를 다듬을 필요는 없다.

디펜바키아속은 많은 변종을 가진다. 어떤 것은 녹색 잎을 지녔고, 또 다른 것은 보다 알록달록하고 장식적인 잎을 지닌다. 하지만 둘 모두 관리만 잘 된다면 1.6미터 이상 자라날 수 있다.

디펜바키아

Dieffenbachia

햇빛

여름철에는 간접 햇빛과 부분적인 그늘을 제공하고, 겨울에는 빛을 더 많이 쬐어준다. 잎의 색소가 희미해지기 시작했다면 햇빛을 과하게 받았다는 의미일 수 있으니 더 그늘진 곳으로 옮긴다.

물주기

건조한 공기는 치명적일 수 있으니 반드시 정기적으로 물을 뿌려준다. 여름철에는 잎이 갈색으로 변하거나 떨어질 수 있으므로 흙이 완전히 마르지 않게 유지한다. 겨울에는 뿌리가 썩을 수 있으니 훨씬 물을 적게 주어야 한다.

분심기

배수가 좋은 토양을 선호하는 디펜바키아는 생장기 이전인 봄철에 분갈이를 하는 것이 좋다. 크기가 큰 것은 1~1.5미터까지도 자란다. 지나치게 크게 자라면 무게 중심이 위쪽으로 치우칠 수 있으니 안정성을 위해서 무거운 화분을 고르는 것을 추천.

주의점

디펜바키아의 영어이름은 벙어리수수(Dumb Cane)로, 섭취하면 일시적으로 말을 못하게 되는 독성 수액에서 유래했다. 애완동물에게 특히 유독하기 때문에 각별히 주의해야 한다.

덩굴성으로 자라는 이 식물은 행잉바스켓에서도 잘 자라며, 지지대에 기대어 기근을 이용해 타고 올라갈 수도 있다. 큼지막한 하트 모양의 잎을 자랑하는 이 관엽식물은 악마의 덩굴(Devil's Ivy)이라는 영어 이름을 가지고 있는데, 이는 웬만해서는 죽지 않는 강인한 생명력에서 유래했다. 다양한 종류가 있다.

스킨답서스

Scindapsus aureus

햇빛

빛이 적은 환경에서 퇴색되기 쉬운 대부분의 실내식물과 달리, 스킨답서스 종류들은 빛이 적은 환경에서도 잎의 무늬가 잘 퇴색되지 않는다. 이 강인한 식물은 약간은 어두운 곳에서도 여전히 매력적으로 보일 것이다. 그러나 이상적인 조건은 밝은 간접광이다. 화상 가능성이 있으니 직사광선은 피한다.

물주기

산발적으로 혹은 드물게 물을 주어도 잘 견디는 스킨답서스는 여름에는 일주일에 한 번, 겨울에는 2주에 한 번 정도로 물을 준다. 습기가 많으면 기근을 북돋우고 잎이 갈라지는 것을 막기 때문에 자주 분무를 해주는 것이 좋다.

번식하기

번식은 아주 쉬운 편이다. 모본에서 조심스럽게 줄기를 잘라내어 물에 담가 둔다. 뿌리가 내리면 화분용 퇴비에 줄기를 심고 그것이 자라는 것을 지켜보기만 하면 된다.

남미가 자생지인 수박페페로미아는 주로 잎을 감상하기 위해 기른다. 꽤 느리게 자라는 이 덥수룩한 식물은 10~15센티미터 정도까지 자란다. 페페로미아속 식물은 기부에서 '쥐꼬리'같은 독특한 지하경(그루터기)을 만드는데, 이런 줄기에서는 꽃이 피지 않지만 식물에 재미있는 포인트를 준다.

수박페페로미아

Peperomia argyreia

햇빛

자연 서식지에서 이 식물은 밝지만 그늘진, 이를테면 나무 아래 같은 곳에서 쉽게 볼 수 있다. 따라서 집에서 잘 기르려면 이와 비슷한 환경을 최대한 만들어주어야 한다. 크기가 작아 키 큰 식물 아래 놓으면 좋다. 잎에 화상을 입혀 영구적인 상처를 남기는 직사광선을 피할 수 있기 때문이다.

물주기

수박페페로미아의 상태를 잘 관찰하여 주의 깊게 다루어야 한다. 급수 사이에 흙이 어느 정도 마르는 것은 괜찮다. 그러나 뿌리가 너무 건조하면 잎이 떨어지기 시작하므로 적당한 중간값을 찾는 것이 관건이다. 겨울철에는 미온수를 사용하고 물 주는 횟수를 줄이는 것이 바람직하다.

번식하기

번식은 꽤 쉬운 편이며, 특히 삽목이 용이하다. 줄기 아랫부분에 난 잎을 다듬은 다음 물 한 컵에 담가놓고 뿌리가 날 때까지 기다리거나 뿌리내림용 용액에 한 번 담갔다가 바로 심는다.

점무늬베고니아는 베고니아속 식물 중 가장 인기 있는 종류이다. 이는 아마도 점무늬베고니아의 얼룩덜룩하고 비죽한 잎 때문일 것이다. 지팡이 같은 줄기는 성장하면서 지지대를 필요로 할 수도 있다. 지지대는 줄기가 손상되는 것을 보호하고 새로운 잎이 잘 자라게 도와준다. 점무늬베고니아는 테라리움이나 보틀가든에서 특히 잘 자란다.

점무늬베고니아

Begonia maculata

햇빛

성장을 촉진하고 건강하게 기르기 위해서는 밝고 간접적인 햇빛을 쬐어줘야 한다. 사방의 잎이 모두 번성할 수 있도록 이따금씩 화분을 돌려준다.

물주기

여름철에는 흙을 축축하게 유지하되 지나친 물주기는 피한다. 또 잎에 직접 물이 닿지 않도록 세심한 주의가 필요하다. 잎에 맺힌 물방울에 강한 빛을 쬐면 얼룩이 질 수 있기 때문이다. 겨울에는 물을 훨씬 적게 준다. 베고니아는 습기를 좋아하므로 주변 공기에 분무해주면 좋지만 역시 잎에 물이 닿지 않도록 주의할 것.

분심기

뿌리 주변이 복잡하면 탈색이 올 수 있으므로 봄마다 분갈이를 해주면 좋다.

번식하기

잎을 잘라내어 얕은 물에 담가 새 뿌리를 틔워 번식시킬 수 있다. 뿌리가 돋아나면 종자번식 및 삽목용 배합토에 심는다.

이 복잡하게 생긴 덩굴성 식물은 머리카락처럼 길고 늘씬한 줄기가 최대 1미터까지 자라날 수 있으며, 그 끝에 조그만 개체가 만들어진다. 가능하면 화분을 천장에 매달아 줄기가 엉키지 않고 넓게 자랄 수 있도록 하는 것이 좋다. 여름철에는 작은 꽃이 핀 것을 볼 수 있을지도 모른다. 하지만 삼색무늬바위취는 주로 올리브그린의 잎 무늬와 독특한 생장 특성을 감상하기 위해 기른다.

삼색무늬바위취

Saxifraga stolonifera

햇빛

삼색무늬바위취는 밝은 곳에서 잘 자라지만, 직사광선은 피하는 것이 좋다. 밝은 곳에 두면 여름철 개화가 촉진된다.

물주기

여름철 성장기에는 물을 듬뿍 뿌려 흙이 마르지 않도록 한다. 삼색무늬바위취는 뿌리가 쉽게 썩을 수 있기 때문에 겨울철에는 물을 최소한으로 준다. 가끔 분무를 해주면 좋다.

번식하기

아주 쉽게 번식하는 식물이다. 묘목 중 하나를 골라 뿌리를 내릴 때까지 작은 화분에 고정시켜준다. 뿌리가 나면 줄기에서 잘라내어 따로 심는다.

해가 갈수록 길고 가는 몸통에서 가지가 돋아나는 마르기나타드라세나는 인기 실내식물 중 하나이다. 식물체의 끝부분에서 길고 얇은 잎이 돋아나는 까닭에 야자수로 잘못 알고 있는 경우도 많다. 꽤 오랜 시간 방치해둬도 잘 자라서 사무실이나 병원 대기실 한구석에서 자주 발견된다. 잘 관리만 해준다면 3미터까지도 성장할 수 있는 식물이다.

마르기나타드라세나

Dracaena marginata

햇빛

주기적으로 간접 채광이 제공되는, 살짝 그늘진 곳을 좋아한다. 상대적으로 튼튼한 편이라 빛이 적은 환경에서도 잘 살아남지만, 오랜 시간 빛이 부족한 환경에서 방치되면 잎이 길쭉하게 늘어지고 듬성듬성 날 수도 있다.

물주기

흙을 항상 축축하게 유지한다. 특히 여름철에는 잎이 갈색으로 변하고 말라버릴 수 있으니 흙이 마르도록 두어서는 안 된다. 겨울에는 몇 주에 한 번 정도로 물을 준다. 흙이 마르기 시작할 때만 주면 된다.

Tip

?

마르기나타드라세나는 공기정화 식물로서 나사(NASA)의 청정대기연구에도 사용된다. 공기 중의 벤젠, 포름알데히드, 자일렌, 톨루엔 등을 자연적으로 감소시킨다. 그러나 애완동물에는 유독할 수 있으니 고양이와 개로부터 멀리 떨어트려 놓아야 한다.

오랜 시간 변함없이 실내 가드너들의 사랑을 받고 있는 스파티필룸은 아룸속 식물로, 봄이면 볼 수 있는 큼직한 흰 불염포가 특히 유명하다. 운이 좋으면 가을에도 흰 불염포를 볼 수 있다. 공기 정화식물로도 탁월하여 거실이나 침실에 배치하면 좋다.

스파티필룸

Spathiphyllum wallisii

햇빛

간접 자연광을 받아 번성하며 강한 햇살은 싫어한다. 겨울철에는 온도를 따뜻하게 유지하는 편이 좋다. 춥고 건조한 환경은 되도록 피하자. 집이 밝고 따뜻하게 유지될수록 꽃이 더 많이 핀다. 빛이 적으면 일반적인 관엽식물처럼 보일 것이다.

물주기

길고 광택 있는 잎은 물올림이 잘되는 편이지만, 흙이 너무 건조하면 신속하게 시들어버린다. 따라서 지나친 물주기는 피하고, 흙은 항상 촉촉하게 유지한다. 잎을 싱그럽게 유지하려면 자주 닦아내고 먼지를 털어내는 것이 좋다. 정기적으로 물을 분무하여 식물 주변의 습도를 높게 유지하자.

번식하기

분갈이를 할 때 포기나누기로 번식시킬 수 있다. 생장기 직전인 봄철에 매년 이루어져야 한다.

이 작고 귀여운 식물은 아주 특별한 성질을 가진다. 낮 동안에 미모사의 섬세한 잎은 가벼운 터치에도 급격히 접히고 줄기가 늘어진다. 이렇게 되면 원상복구 되기까지 한 시간 이상이 걸린다! 저녁에는 외부의 자극이 없어도 이 현상이 자연스레 일어난다. 비교적 돌보기 쉬운 편이며, 여름철이면 아주 아름다운 분홍 솜털 같은 꽃을 피워낸다.

미모사

Mimosa pudica

햇빛

반응성 잎 때문에 '예민한 식물'(Sensitive Plant)이라는 별칭도 있는 미모사지만 광량과는 무관하다. 밝은 빛을 받아 잘 자라며 소량의 직사광선 역시 잘 받는다.

물주기

지나친 물주기는 피하되 여름철에는 흙이 항상 촉촉해야 한다. 겨울철에는 최소한으로만 물을 주고, 물주기 사이에는 흙이 살짝 마르도록 한다.

습도

습기를 좋아하므로 잎에 주기적으로 물을 분무해준다. 특히 난방 때문에 건조해지기 쉬운 겨울에는 보다 자주 뿌려준다.

가지치기

잎을 풍성하게 유지하고, 늘어지는 것을 방지하려면 깔끔하게 가지치기를 해준다.

싱고니움의 영어이름은 화살촉 식물(Arrowhead Plant) 혹은 거위발 식물(Goose Foot Plant)이다. 이는 어린 묘목의 하트모양 잎에서 유래했다. 특이한 점은 자라면서 극적으로 변화하는 잎 모양이다. 직립 줄기에 돋아난 잎의 한 지점에서부터 살짝 갈라진 잎으로 변하고, 다시 기어올라가고 기근을 만들어내는 줄기로 변한다. 이 매력적인 관엽식물은 어릴 때는 깊이가 있는 화분에 심고 성숙하여 줄기가 다른 것을 타고 올라가기 시작하면 행잉바스켓에 옮겨준다.

싱고니움

Syngonium podophyllum

햇빛

다양한 싱고니움 종류들은 밝은 간접 햇빛이 이상적이다. 섬세한 잎을 태우고 손상시킬 수 있는 강한 햇빛은 피한다. 전체가 녹색인 잎보다 반점이 있는 잎일수록 그늘을 선호한다. 식물 전체가 빛을 골고루 받을 수 있도록 하고 들쑥날쑥 자라는 것을 방지하기 위해 가끔씩 화분을 돌려주면 좋다.

물주기

흙은 항상 촉촉하게 유지한다. 쉽게 시드는 성질이 있으니 흙이 메마르지 않도록 각별히 주의한다. 겨울이 되면 휴면기에 들어가므로 급수를 줄인다. 습도 높은 환경이 필요하므로 며칠에 한 번씩 잎에 분무해준다.

번식하기

이미 기근이 돋아난 줄기를 잘라내어 옮겨 심으면 된다.

이 식물의 매력은 금속성 은색과 자주색 잎면에 있다. 이 멋진 잎 무늬는 햇빛을 받으면 반짝인다. 대개는 땅을 기는 성질의 잎을 감상하기 위해 기르는 얼룩자주달개비의 영어이름은 인치(inch) 식물로, 몹시 빠른 성장속도에서 유래했다. 행잉바스켓에서도 잘 자라며, 지지대를 타고 오르거나 내려가도록 유도할 수 있다. 성장속도가 빠른 만큼 오랫동안 아름다움을 유지하는 식물은 아니다. 줄기가 길게 자랄수록 기부주변에서 떨어지는 잎도 늘어난다. 아무리 열심히 덩굴을 정리해줘도 머지않아 또 늘어지게 마련이다.

얼룩자주달개비

Tradescantia zebrina

햇빛

밝은 햇빛을 아주 좋아하며, 잎을 튼튼하게 성장시키려면 어느 정도의 직사광선도 도움이 된다. 충분한 빛이 주어지지 않으면 잎이 퇴색되고 줄기에 잎이 잘 나지 않으며 힘없이 길쭉하게만 자란다.

물주기

봄부터 가을까지는 듬뿍 물을 주되 다음 번 물을 주기 전까지 흙이 마르도록 한다. 겨울에는 몇 주에 한 번 정도로 물 주는 횟수를 줄인다. 분무기 사용은 바람직하나 꼭 필요한 것은 아니다.

번식하기

얼룩자주달개비는 아주 쉽게 뿌리를 내린다. 봄에서 가을 사이에 줄기 삽목을 하고 젖은 흙에 심는다. 뿌리생장촉진 용액은 사용하지 않는다.

일본 남부가 원산지인 팔손이나무는 덥고 습한 여름부터 서늘하고 건조한 초겨울 날씨에 이르기까지 모두 잘 적응한다. 그러나 극한의 추위와 극도로 건조한 환경에는 취약하기 때문에 가뭄과 풍해를 조심해야 한다. 깊숙이 파진 널따란 잎은 얇은 종이처럼 약하게 느껴진다. 팔손이나무의 영어이름 'Paper plant'는 아마도 이러한 특성 때문에 붙여진 이름일 것이다. 잎은 때때로 너비가 30센티미터까지 자라고 줄기는 여러 방향으로 뻗기 때문에, 충분히 성장할 수 있는 공간이 필요하다.

팔손이나무

Fatsia japonica

햇빛

부분 그늘이나 전반적으로 그늘진 곳에서 잘 자란다. 아침과 오후에 한 번씩 햇빛을 쬐는 것은 바람직하지만, 광량이 너무 많으면 진한 녹색의 잎이 탈색되어 누렇고 희미하게 된다.

물주기

주기적으로 물을 주고 여름철 생장기에는 흙이 완전히 마르지 않도록 하자. 주변 환경을 습도가 높은 상태로 유지하기 위해 종종 분무해주는 것이 좋다. 겨울에는 물을 보다 덜 주고 젖은 흙에 뿌리가 방치되지 않도록 한다. 뿌리가 쉽게 썩을 수 있기 때문이다.

가지치기

건강하고 잎이 무성한 상태로 유지하려면 생장기가 시작되는 초봄에 가지치기를 해준다. 그렇지 않으면 축 늘어져 그 매력이 반감된다.

금전초, 잔지바르보석나무로도 불리는 금전수는 가장 튼튼하고 생명력이 뛰어난 식물 중 하나다. 얼마나 강인한지 가끔은 플라스틱처럼 보일 때도 있다. 각각 1.6미터까지 자랄 수 있는 여러 개의 줄기로 이루어진 이 식물은 광택이 나는 고무 질감의 잎을 자랑한다. 빛이 지나치게 많거나 적더라도 잘 견딜 수 있으며 가뭄도 아주 잘 이겨내므로 꼬박꼬박 물을 줄 자신이 없다면 추천한다. 그러나 대부분의 식물과 마찬가지로 금전수도 더 선호하는 환경은 분명히 있다!

금전수

Zamioculcas zamiifolia

햇빛

위에서 언급했듯이 금전수는 빛이 적은 환경에서도 잘 자랄 수 있지만 성장과 잎의 광택을 최대화하기 위해서는 밝은 장소에 두는 것이 이상적이다. 물론 직사광선은 피한다.

물주기

물을 너무 많이 주는 것보다 차라리 적게 주는 것이 낫다. 여름철에는 일주일에 한 번 정도 물을 준다. 물주기 사이에는 표토를 마르게 하는 것이 포인트! 겨울에는 더 적게 물을 준다. 습기에 까다롭지 않으니 분무는 크게 신경 쓰지 않아도 된다.

번식하기

금전수는 번식하기 아주 쉽다. 분갈이를 할 때 간단히 분리될 수 있는 지하경으로 이루어져 있기 때문이다. 또한 화분에 뿌리가 가득 차 갑갑한 상태에도 민감하지 않아서 몇 년에 한 번 정도만 분갈이를 해주면 된다.

1800년대부터 엄청난 인기를 누린 대나무야자는 매우 기르기 쉬운 식물이다. 그 어떤 환경에도 잘 견딜 수 있기 때문이다. 이 야자수는 다양한 크기로 키울 수 있는데, 작은 탁상용 식물로 기를 수도 있고, 잘 관리하여 80센티미터까지 키울 수도 있다.

대나무야자

Chamaedorea seifrizii

햇빛

간접적으로 햇빛이 드는 밝은 곳을 선호하지만 빛이 적은 환경에서도 잘 자란다. 어떤 환경에서도 완벽한 식물이다. 잎을 태우고 갈색으로 변화시키는 직사광선만 피하면 된다. 그렇지만 다른 실내 식물과 마찬가지로 광량이 많을수록 더 크게 자라는 것도 사실이다.

습도

습도 높은 환경을 좋아하므로 자주 물을 뿌려준다. 물을 줄 때는 흙이 촉촉하게 습기를 머금도록, 그러나 흠뻑 젖지는 않도록 한다. 여름철에는 일주일에 한 번씩, 겨울에는 몇 주에 한 번씩 물을 준다.

Tip

공기정화식물로도 잘 알려져 있다. 비슷한 크기를 가진 식물군 중 건강상의 이점을 고려하자면 대나무야자는 아주 좋은 선택지다. 구매할 때는 진한 녹색의 건강한 잎을 가진 개체를 고른다.

남미가 자생지인 대왕유카는 대부분의 조건에서 잘 자란다. 작은 나무 같기도 한 이 식물은 뾰족하고 튼튼한 잎이 어느 화단에나 매력적인 포인트를 줄 것이다.

대왕유카

Yucca elephantipes

햇빛

되도록 많은 빛을 제공한다. 겨울에는 직사광선을 소량 쬐어 튼튼한 잎이 날 수 있도록 하고, 여름에는 직사광선을 피한다. 빛이 적으면 잎이 축 처지거나 늘어질 수 있으므로, 만일 이 현상이 나타난다면 더 밝고 양지바른 곳으로 옮긴다.

물주기

봄부터 가을까지 물을 충분히 주고, 뿌리가 쉽게 썩을 수 있으니 배수가 좋은 흙에 심는다. 겨울에는 한 달에 몇 번 정도로 물 주는 빈도를 줄이고 흙이 완전히 말랐을 때에만 물을 준다. 분무는 안 해도 된다.

번식하기

줄기 밑동에서 작은 어린묘가 돋아난다. 이를 분리하여 새 화분에 옮겨 심는다.

분갈이

2년에 한 번씩 봄철에 분갈이를 한다. 윗부분이 무거워지는 경향이 있으니 밑이 깊은 화분에 심는다. 넘어지지 않게 도와줄 것이다.

주변에서 쉽게 볼 수 있는 아이비는 보통 야외에서 자라지만, 이 포복성 식물에 적합한 조건만 제대로 알고 맞춰준다면 집 안에서도 잘 키울 수 있다. 아이비는 타고 오르는 성질이 있으므로 행잉바스켓이나 지지대를 이용해 줄기를 유도하는 것이 좋으며, 기근은 주변의 표면에 잘 부착되는 성질을 가진다.

아이비

Hedera helix

햇빛

실내에서 아이비를 키울 때 고려해야 할 가장 중요한 요소는 빛이다. 모든 아이비는 빛을 많이 필요로 하며, 따라서 광량은 많을수록 좋다. 다양한 재배종들은 조금 덜하지만, 그래도 역시 광량이 적으면 알록달록한 무늬가 흐려진다는 사실에는 변함이 없다. 빛 부족은 식물을 축 늘어지게 만들고, 병충해의 위험도 높인다.

물주기

흙은 다소 마른 상태로 유지한다. 아이비는 축축한 곳에 방치되는 것을 싫어하므로 배수가 잘 되는지를 꼭 확인한다. 여름철에는 일주일에 한 번 정도 물을 주고, 흙을 만져서 말라있는지 체크한다. 겨울철에는 2주에 한 번 정도 물을 주거나 흙이 완전히 마를 때까지 기다렸다가 준다.

기르기

아이비를 실내에서 잘 기르려면 잎에 자주 물을 분사해주고 차가운 바람이나 난방 통풍기를 조심한다. 물을 자주 분무하면 응애 같은 해충 번식의 가능성을 줄일 수 있고, 잎을 종종 씻어주면 혹시 있을 수 있는 먼지나 해충을 떨궈낼 수 있다.

오스트레일리아가 자생지인 박쥐란은 갈고리 모양의 조낭사가 나지 않는 보기 드문 양치류 식물이다. 사슴뿔 모양의 큼지막한 잎은 가장자리가 갈라져 있는데, 여기에서 영어이름 '수사슴 뿔'(Staghorn Fern)이 유래했다. 이 화려한 관엽식물은 집에서 기르기 쉽다. 두 종류의 잎을 가지고 있는데, 하나는 생식 기능이 없는 콩팥 모양의 잎으로 식물 기부 부근에서 돋아나고, 다른 하나는 위쪽에 돋아나며 포자가 있어 생식 기능이 있다.

박쥐란

Platycerium bifurcatum

햇빛

박쥐란은 밝은 간접광 아래에서 가장 잘 자란다. 직사광선에는 화상을 입기 쉽다.

물주기

벽에 고정시켜 기른다면 잎 사이에 물이 고이지 않게 주의하면서 충분히 주는 것이 좋다. 물이 고여 있으면 금방 썩어버린다. 화분에 심었다면 아래쪽부터 물을 준다. 화분받침에 물을 채우고 15분 정도 간격으로 필요한 만큼 물을 빨아들일 수 있게 한다. 여름철에는 일주일에 한 번, 겨울철에는 조금 덜 자주, 뿌리를 푹 적시지 않게 물을 준다. 습기가 많은 열대우림에 익숙한 식물이므로 일년 내내 정기적으로 분무를 해주는 것이 좋다.

번식하기

박쥐란은 어린묘를 많이 형성하는데, 이들을 간단히 떼어내어 벽에 고정시키거나 화분에 심어 다시 기를 수 있다.

홍죽의 영명은 하와이안 티 플랜트(Hawaiian Ti Plant)이지만, 이름과 달리 하와이 출신이 아니다. 장식적인 붉은 잎은 본디 동남아시아가 원산이지만 하와이에서 널리 재배되며 특산물인 풀잎치마(폴리네시안 무용수들이 입는, 긴 풀잎으로 만든 치마)나 서핑보드 덮개에 사용되었다. 긴 칼처럼 쭉 뻗은 튼튼한 잎 덕분에 가짜 야자수로도 알려져 있는 홍죽은 주된 품종이 세 종류 있다. 그중 붉은 가장자리를 지닌 터미널리스가 가장 인기 있는 품종이다. 오래된 개체를 보면 아래쪽의 잎이 떨어지는 것을 볼 수 있는데, 이는 식물 위쪽에서 새로운 성장을 촉진하므로 잎은 제거하고 버리면 된다.

홍죽

Cordyline terminalis

햇빛

최대한 밝은 곳에 배치하는 것이 좋다. 이때 직사광선은 피한다. 빛이 너무 적으면 생장이 저해되고 잎이 오그라든다. 반면 직사광선에 닿으면 화상을 입어 잎이 탈색된다.

물주기

배수가 좋은 화분에 심고, 여름철에는 물주기 사이에 표토가 마르도록 한다. 겨울철에는 물을 훨씬 적게 준다.

습도

홍죽은 습도 높은 환경을 좋아하니 잎 주변에 자주 분무해준다. 잎의 끝이 갈색 또는 황색으로 변하기 시작하면 주변의 습도를 높이기 위해 물을 채운 자갈 트레이에 화분을 올려놓는다.

이 착생식물은 동남아시아 우림에서 나무에 매달려 자라는 데 익숙하다. 최대 60센티미터까지 자랄 수 있고, 집 안에 배치하면 독특한 인테리어 효과를 줄 수 있다. 에스키난서스를 키우는 가장 좋은 방법은 두꺼운 고무질감의 잎과 섬세한 꽃이 마찰 없이 매달려 있을 수 있는 행잉바스켓에 두는 것이다. 꽃이 핀 상태의 에스키난서스를 구입하는 것은 어렵지 않지만, 매년 꽃을 피우기란 상당히 까다롭다. 가장 좋은 방법은 개화기가 끝나면 줄기를 자르는 것으로, 이 방법을 통해 다음 해에 더 많은 꽃을 피울 수 있다.

에스키난서스 로비아누스

Aeschynanthus lobbianus

햇빛

여름철에는 직사광선이 비치지 않는 밝은 장소에 둔다. 소량의 직사광선이 유익할 수 있는 겨울에는 배치를 바꾸어도 좋다. 밝은 태양빛은 봄과 여름에 개화를 촉진한다.

물주기

미지근한 물을 사용하는 것이 바람직하다. 봄과 여름에는 철저히 물을 주되, 다음 물주기까지 물을 마르게 한다. 휴면기에 접어드는 겨울에는 물을 적게 준다. 잎이 쪼그라들지 않을 정도로만 적절히 물을 준다.

습도

습도가 높은 환경을 좋아한다. 따라서 정기적으로 분무하거나 물을 채운 자갈 트레이를 근처에 두어 주변의 습도를 높인다.

물밤나무로도 불리는 이 아름다운 실내용 관상식물은 화단에 짜임새와 큰 키에서 오는 볼륨감을 제공한다. 제아무리 식물 문외한이라도 파키라를 죽이기란 쉽지 않으며, 원하는 크기로 관리할 수 있다. 남미의 늪지대에서 유래한 이 식물은 무척 축축한 토양이나 지나치게 강한 햇빛에도 끄떡없다. 파키라는 묘목 상태일 때 줄기를 땋아 독특한 무늬를 만들어낸다. 시중에서 구할 수 있는 식물은 대부분 이런 식으로 무늬가 잡혀 있으며, 그냥 내버려둬도 일정 시간이 흐르면 자연스럽게 이렇게 성장한다.

파키라

Pachira aquatica

햇빛

파키라는 간접적인 햇빛을 가장 좋아한다. 잎이 황색으로 변했다면 빛이 부족하다는 신호다. 양지바른 곳으로 옮기되 강한 직사광선은 피한다.

물주기

파키라는 남미의 습지나 늪지대 환경에 익숙해져 있기 때문에 배수 조건만 좋다면 많은 양의 물도 잘 소화한다. 그러나 뿌리를 축축한 곳에 방치하는 것은 바람직하지 않고, 표토의 몇 센티미터 정도는 물주기 사이에 자연스럽게 마르도록 한다. 겨울철에는 성장이 둔화되므로 물 주는 횟수를 줄이지만, 줄기와 잎에는 연중 내내 물을 분무한다.

가지치기

파키라는 분재로도 키울 수 있다. 작은 화분에 길러 크기를 작게 유지하고 어린 묘의 끝부분을 다듬고 가지치기를 해준다.

분재는 말 그대로 '화분에 심은'이라는 뜻이다. 이처럼 얕은 화분에 소규모로 나무를 키우는 풍습은 12세기 중국까지 거슬러 올라간다. 이 방식은 일본으로 계승되어 다듬어졌다. 꽤 많은 수의 분재식물은 낙엽식물이다. 따라서 겨울철에는 야외에서 자라는 여느 나무와 같이 잎을 떨어뜨린다. 그렇다고 해도 당신이 기르는 이 분재가 잎을 떨어뜨리기 시작한다면, 이것이 일반적인 현상인지 확인해보는 것이 좋다.

분재

Bonsai

물주기

분재를 기를 때 꼭 기억해야 할 주요사항 중 하나는 토양의 습기가 유지되는 경우에만 잘 자란다는 점이다. 이는 식물을 기르는 데 있어 매우 중요하다. 며칠만이라도 물 주는 것을 잊어버리면 식물은 죽을 수 있다. 대부분의 분재는 높은 습도의 환경을 좋아하므로 며칠에 한 번씩 분무해준다.

햇빛

의외로 대다수의 분재가 직사광선을 좋아한다. 지금껏 보아왔듯이 대부분의 식물에게 직사광선은 유해하지만, 분재는 그렇지 않다. 공기가 잘 통하고 눅눅하지 않다면 대체로 빛은 많을수록 좋다. 공기 순환이 잘 이루어지지 않으면 식물이 금방 말라 치명적일 수 있다.

가지치기

분재를 관리하는 데 있어 가지치기와 분갈이는 필수적이다. 분재의 모양을 유지하기 위해 정기적으로 다듬어줘야 한다. 몇몇 줄기에서 큰 잎이 나기 시작한다면 분재를 작게 유지하기 위해 이를 잘라낸다. 뿌리가 화분에 가득 차거나 넘치기 시작하는 2~3년에 한 번씩 분갈이를 해준다. 가장 활발하게 생장하기 직전인 봄철에 분갈이를 한다.

후추나무 Pepper Tree Bonsai

136쪽 사진에 보이는 후추나무 분재는 작게 관리하여 소규모의 숲을 이루도록 했다. 여러 개체를 하나의 화분에 심어 가꾸는 것은 일반적인 기법 중 하나이다. 후추나무는 향신료로 사용되는 초피열매를 생산하므로 꽤나 특이한 식물이라 할 수 있다. 초심자도 관리하기 쉬운 분재 중 하나다. 자그마한 잎은 여름철이면 풍성하고 광택 있는 녹색이 되며 이따금 붉은색의 작은 꽃도 핀다. 가을에는 금빛 노란색과 주황색으로 변하며 마침내 겨울에는 꽃이 진다. 물을 좋아하는 분재이므로 흙이 푹 젖지 않는 선에서 항상 촉촉하게 유지해주는 것이 좋다. 마르지 않도록 자주 분무해준다. 뿌리 생장이 빠르기 때문에 해마다 뿌리를 다듬어줘야 할 수 있다.

참느릅나무 *Ulmus parvifolia* 'Chinese Elm'

실내와 실외 모두에서 기를 수 있는 인기 품종 참느릅나무는 일반적으로 규모 면에서 중형식물로 분류할 수 있지만 몸통의 모양과 선을 손쉽게 변형시킬 수 있다. 이 나무는 흙이 마르자마자 물을 주어야 한다. 물이 부족하면 잎을 떨어뜨리고 죽어가기 시작한다. 겨울에는 실외에 방치해두면 반드시 잎이 떨어질 것이다. 실내에서도 난방 열원으로부터 멀리 두어야 연중 푸르른 잎을 유지할 수 있다.

후추나무

참느릅나무

마치 자신이 소철나무라는 것을 속이기라도 하듯, 야자수처럼 보이는 이 식물은 유사한 모양의 켄차 야자나 세이프리지 야자와는 관계가 없다. 1년에 잎 한 장 날까 싶을 정도로 매우 느리게 자라는 이 식물의 생장을 감상하기 위해서는 세심한 주의를 기울여야 한다. 그러나 이 기다림은 아치형의 잎이 진한 녹색의 뾰족한 대칭형 로제트를 이루는 모습을 감상할 수만 있다면 보람찬 일이 될 것이다.

소철

Cycas revoluta

햇빛

밝고 볕이 잘 드는 장소를 선호하며, 이는 강하고 안정적인 뿌리 성장을 장려한다. 그러나 빛이 부족해도 잘 적응할 것이다.

물주기

지나친 물주기는 피한다. 일주일에 한 번 정도로만 물을 준다. 배수가 잘 되는 흙인지 확인하고, 물주기 사이에는 충분히 마르도록 한다. 소철은 높은 습도를 필요로 하지 않기 때문에 분무는 하지 않아도 된다.

번식하기

소철의 종자는 발아하기까지 수 개월, 그 후 나무로 자라기까지는 수 년까지 걸릴 수 있다. 성숙한 식물체는 어린묘를 생산하는데, 이는 떼어서 따로 심을 수 있다.

주의점

애완동물에게 유독할 수 있어 고양이나 개가 있다면 주의해야 한다.

강인함(Hardy)
불리한 조건의 성장을 견딜 수 있고, 추위나 더위, 가뭄, 홍수, 통풍 등을 잘 견딜 수 있는 식물의 성질.

기근(Aerial root)
지면 위의 줄기에서 자라는 뿌리. 몬스테라속 식물에서 흔히 발견된다.

루트-바운드(Root-Bound)
화분 내 공간이 부족해 뿌리가 돌돌 말려 자라고, 화분 안에 가득 차서 엉킨 상태.

마디(Leaf node)
하나 이상의 잎이 나오는 식물 줄기에서 발생하는 작은 팽창.

모종(Plantlets)
부모 식물에서 자라나는 어린 식물 또는 작은 식물.

분재(Bonsai)
뿌리와 줄기를 세심한 가지치기로 나무를 작게 만드는 기술.

불염포(Spathe)
특히 야자나무나 아룸속 식물의 꽃차례를 둘러싼 큼지막한 포엽.

습도(Humidity)
공기 중의 수증기 양을 측정한 값. 정글에서 온 식물들은 습기 찬 환경을 좋아한다. 가정에서 기른다면 분무기를 활용해 유사한 환경을 만들어준다.

어린묘(Pup)
성숙한 식물에서 생겨나는 어린 식물. 일반적으로는 조심스레 분리하여 번식에 사용할 수 있다.

잎(Frond)
양치식물 또는 종려나무의 잎을 가리킨다.

조낭사(Crozier)
어린 양치류의 갈고리모양 상단.

웃자람(Spindly)
식물 줄기가 길고 가늘며, 이따금씩 잎이 없는 상태. 이런 현상이 발생하면 식물은 꽃을 많이 피우지 못하고 쉽게 넘어진다. 이를 극복하기 위해 식물에 충분한 빛을 제공하고 가치를 쳐서 튼튼한 성장을 장려한다.

Special thanks to

아름다운 화분을 촬영을 위해 기꺼이 빌려주신 멋진 도예가 분들께 감사의 인사를 전합니다.

CONPOT
다양한 크기의 멋진 콘크리트 화분을 제공하는 업체
fromtheland.studio

ELLA HOOKWAY
단색 도자기와 사기 토분을 활용한,
깔끔한 기능성 컬렉션이 특징
ellahookway.com

LAZY GLAZE-HARRIET LEVY-COOPER
찰흙의 자연스러운 색감과 질감을 보여주는 도자기
lazyglaze.co.uk

LOUISE MADZIA
기발한 일러스트를 곁들인 세련된 화분 컬렉션
louisemadzia.com

MAE CERAMICS
유약 처리된, 유머러스 하고 심플한
도자기의 화려한 컬렉션
maeceramics.com

MIA MARGETIC
심플하지만 창의력이 돋보이는
귀여운 세라믹 화분 컬렉션
miamargetic.com

MILO MADE
다채로운 색상의 인더스트리얼 세라믹
milomade.net

PAPERCHASE
종이, 카드 등 공예품을 모두 갖춘 스토어
www.paperchase.co.uk

POT PARTY
멋진 화분으로 가득한 유쾌한 컬렉션
potparty.co.uk

REPEAT CLAY
다양한 화분 컬렉션
repeatrepeatrepeatclay.com

SMUG
뛰어난 디자인으로 우리 눈을 즐겁게 하는
독립 가정용품점
ifeelsmug.com

WEST ELM
현대적인 가구와 인테리어 용품
westelm.co.uk

일람표

국내 유통명	학명		영명	페이지
공작고사리	*Adiantum raddianum*	아디안텀 라디아눔	Maidenhair Fern	54~55
구즈마니아 링굴라타	*Guzmania lingulata*	구즈마니아 링굴라타	Scarlet Star	30~31
금식나무	*Aucuba Japonica* 'Variegata'	아우쿠바 야포니카 '바리에가타'	Spotted Laurel	76~77
금전수	*Zamioculcas zamiifolia*	자미오쿨라스 자미폴리아	Zanzibar gem	118~119
나비사랑초	*Oxalis triangularis*	옥살리스 트라이앵굴라리스	False Shamrock	20~21
대나무야자	*Chamaedorea seifrizii*	카메도레아 세이프리지	Bamboo Palm	120~121
대왕유카	*Yucca elephantipes*	유카 엘레판티페스	Yucca	122~123
덕구리란	*Beaucarnea recurvata*	뷰카르네아 레쿠르바타	Ponytail Palm	50~51
디펜바키아	*Dieffenbachia*	디펜바키아	Dumb Cane	96~97
떡갈잎고무나무	*Ficus lyrata*	피커스 리라타	Fiddle Leaf Fig	80~81
렉스베고니아	*Begonia Rex*	베고니아 렉스	Rex Begonia	48~49
마란타 '에리스로네우라'	*Maranta Leuconeura* 'Erythroneura'	마란타 류코네우라 '에리스로네우라'	Herringbone Plant	32~33
마르기나타드라세나	*Dracaena marginata*	드라세나 마르기나타	Flaming Dragon Tree	106~107
만다이아눔 토끼발고사리	*Phlebodium aureum* 'Mandaianum'	플레보디움 아우리움 '만다이아눔'	Bear's Paw Fern	58~59
몬스테라	*Monstera Deliciosa*	몬스테라 델리시오사	Swiss Cheese Plant	62~63
몬스테라 오블리쿠아	*Monstera obliqua*	몬스테라 오블리쿠아	Swiss Cheese Vine	24~25
무늬파인애플	*Ananas comosus* 'Variegatus'	아나나스 코모수스 '바리에가투스'	Ornamental Pineapple	56~57
무늬푸미라	*Ficus pumila*	피커스 푸미라	Creeping Fig	94~95
무늬홍콩야자	*Schefflera arboricola*	셰플레라 아르보리콜라	Umbrella Plant	70~71
미모사	*Mimosa pudica*	미모사 푸디카	Sensitive Plant	110~111
박쥐란	*Platycerium bifurcatum*	플라티세리움 비푸르카툼	Staghorn Fern	126~127
벌레잡이통풀(네펜테스)	*Nepenthes*	네펜테스	Pitcher Plant	86~87
벤자민고무나무	*Ficus benjamina*	피커스 벤자미나	Weeping Fig	82~83
보스턴고사리	*Nephrolepis exaltata* 'Bostoniensis'	네프롤레피스 엑살타타 '보스토니엔시스'	Boston Fern	68~69
비비추	*Hosta*	호스타	Plantain Lily	92~93
삼색무늬바위취	*Saxifraga stolonifera*	삭시프라가 스톨로니페라	Mother-of-Thousands	104~105
소철	*Cycas revoluta*	시카스 레볼루타	Japanese Sago Palm	138~139
수박페페로미아	*Peperomia argyreia*	페페로미아 아르기레이아	Watermelon Begonia	100~101
스킨답서스	*Scindapsus aureus*	스킨답서스 아우레우스	Devil's Ivy	98~99

국내 유통명	학명		영명	페이지
스파티필룸	*Spathiphyllum wallisii* 'peace lily'	스파티필룸 왈리시	Peace Lily	108~109
싱고니움	*Syngonium podophyllum*	싱고니움 포도필룸	Arrowhead Plant	112~113
아스파라거스 세타세우스	*Asparagus setaceus*	아스파라거스 세타세우스	Asparagus Fern	36~37
아이비	*Hedera helix*	헤데라 헬릭스	Ivy	124~125
알로카시아 '드래곤스케일'	*Alocasia* 'Dragon Scale'	알로카시아 '드래곤스케일'	Dragon Scale	26~27
알로카시아 산데리아나	*Alocasia sanderiana*	알로카시아 산데리아나	Elephant's Ear	44~45
얼룩자주달개비	*Tradescantia zebrina*	트라데스칸시아 제브리나	Inch Plant	114~115
에스키난서스 로비아누스	*Aeschynanthus lobbianus*	에스키난서스 로비아누스	Lipstick Plant	130~131
엽란	*Aspidistra elatior*	아스피디스트라 엘라티오르	Cast Iron Plant	46~47
왜성바나나	*Musa oriana*	무사 오리아나	Banana Plant	22~23
우단애기아나나스	*Cryptanthus bivittatus*	크립탄서스 비비타투스	Earth Star	88~89
인도고무나무	*Ficus elastica*	피커스 엘라스티카	Rubber Plant	28~29
점무늬베고니아	*Begonia Maculata*	베고니아 마쿨라타	Spotted Begonia	102~103
접란	*Chlorophytum comosum*	클로로피툼 코모숨	Spider Plant	78~79
제나두필로덴드론	*Philodendron xanadu*	필로덴드론 제나두	Sweetheart Vine	72~73
참느릅나무	*Ulmus Parvifolia*	울무스 팔비폴리아	Chinese Elm	135
칼라데아 랑키폴리아	*Calathea lancifolia*	칼라데아 랑키폴리아	Rattlesnake Plant	38~39
칼라데아 로제오픽타	*Calathea roseopicta*	칼라데아 로제오픽타	Zebra Plant	90~91
케이프끈끈이주걱	*Drosera capensis*	드로세라 카펜시스	Cape Sundew	84~85
크로톤	*Codiaeum Variegatum* var. *Pictum*	코디에움 바리에가텀 픽텀	Joseph's Coat	42~43
크리스탈안수리움	*Anthurium crystallinum*	안수리움 크리스탈리눔	Crystal Anthurium	34~35
틸란드시아 키아네아	*Tillandsia cyanea*	틸란드시아 키아네아	Pink Quill	64~65
파키라	*Pachira aquatica*	파키라 아쿠아티카	Guiana Chestnut	132~133
팔손이나무	*Fatsia japonica*	팻시아 자포니카	Paper Plant	116~117
플라밍고안수리움	*Anthurium scherzerianum*	안수리움 세르제리아눔	Flamingo Flower	74~75
피토니아	*Fittonia albivenis*	피토니아 알비베니스	Fittonia	52~53
필레아 페페로미오이데스	*Pilea peperomioides*	필레아 페페로미오이데스	Chinese Money Plant	40~41
행운잎병풀	*Centella asiatica* 'Lucky Leaves'	센텔라 아시아티카 '럭키 리브스'	Lucky Leaves	66~67
홍죽	*Cordyline terminalis*	코르딜리네 테르미날리스	Hawaiian Ti Plant	128~129
후추나무	(-)	(-)	Pepper Tree Bonsai	135
히포에스테스 필로스타키아	*Hypoestes phyllostachya*	히포에스테스 필로스타키아	Polka Dot Plant	60~61

쉽게 키우는
실내식물

초판 1쇄 2019년 01월 25일

글 엠마 시블리
감수 하순혜 **옮긴이** 김유라

발행인 전재국
대표 정의선
편집 김주현, 성스레 **디자인** 한아름
마케팅 사공성, 강승덕, 황재아 **제작** 이기성

발행처 북커스
출판등록 2018년 5월 16일 제406-2018-000054호
주소 경기도 파주시 문발로 171 (문발동, 북씨티)
전화 영업 031-955-6980 편집 031-955-6980
팩스 영업 031-955-6988 편집 031-955-6979

값 15,000원
ISBN 979-11-964319-5-2-14520
979-11-964319-3-8 (전2권)

감수 하순혜
경성대학교 이과대학 생물학과 식물학전공 박사를 받았고, 현재 경성대학교 화학생명과학부 초빙교수, 부산대학교 원예생명과학과 강사를 역임하고 있다. 저서로는『한국화재식물도감』,『허브도감』,『다육식물도감』,『식충식물도감』등이 있다.

옮긴이 김유라
비교문학을 전공하고 번역가로 활동중이다. 옮긴 책으로『코끼리 가면』(2018),『커피 딕셔너리』(2018),『크래프트브루』(2018)가 있다. 30년 된 크로톤과 불로불사의 영약으로 추정되는 아라비아자스민을 거느리고 아시아 최고의 고양이와 살고 있다.